智慧理财

吴 岳 编著

煤炭工业出版社
·北京·

图书在版编目（CIP）数据

智慧理财／吴岳编著． －－北京：煤炭工业出版社，2018

ISBN 978－7－5020－6737－3

Ⅰ．①智… Ⅱ．①吴… Ⅲ．①财务管理—通俗读物 Ⅳ．①TS976.15－49

中国版本图书馆 CIP 数据核字（2018）第 153436 号

智慧理财

编　　著	吴　岳
责任编辑	高红勤
封面设计	荣景苑
出版发行	煤炭工业出版社（北京市朝阳区芍药居 35 号　100029）
电　　话	010－84657898（总编室）　010－84657880（读者服务部）
网　　址	www.cciph.com.cn
印　　刷	永清县晔盛亚胶印有限公司
经　　销	全国新华书店
开　　本	880mm×1230mm $^1/_{32}$　印张　$7^1/_2$　字数　200 千字
版　　次	2018 年 9 月第 1 版　2018 年 9 月第 1 次印刷
社内编号	20180359　　　　　定价　38.80 元

版权所有　违者必究

本书如有缺页、倒页、脱页等质量问题，本社负责调换，电话:010－84657880

前言

　　随着我国经济的高速发展和人民生活水平的提高，个人理财已经成为最热门的话题和持家立业的时尚，基金、债券、股票、房地产、收藏、保险等理财工具正在快速走进寻常百姓家庭，成为人们经济生活中不可或缺的组成部分。

　　但遗憾的是，一直以来，不少女人都缺乏理财观念，她们觉得"我现在还年轻，还用不着理财，只要有工作就不会有太大的问题"，她们宁愿有钱就高高兴兴地把它花掉，看到中意的东西，便毫不迟疑地"刷、刷、刷"，结果每到月底就捉襟见肘、节衣缩食，成为名副其实的"月光女神"，"无财可理，等我有了钱再说"就常常成为她们忽略理财的借口。

　　或许你现在是别人眼里拿着高薪的白领，甚至是公司的

主管或者经理助理，但一旦企业效益下降，最终不得不采取包括降薪、裁员在内的一切可能的措施以求自保，普通职员往往就成了牺牲品。加上如今就业形势严峻，假如有一天辞退信放到你桌上，假如有一天你因工作技能落后或其他种种原因而被公司扫地出门，那时你的退路在哪里？即使你能够长时间保持一份稳定的收入，即使你现在可观的收入可以让你不必为钱忧心，但你想过没有，30年后，你的养老金可能无法维持现在这样的舒适生活。

因此，人们必须真正认识到理财的重要性，及早展开理财大计，彻底执行理财九字箴言"先储蓄，再投资，后消费"，才能抵御人生路上不期而至的各种风险，才能保障个人财富和未来的生活。即使你的收入不高，只要掌握了理财的技巧，为自己制定开支预算，再配合能力投资，也能够将自己的日常财务收支安排得妥妥帖帖。

也有些女人把自己的未来寄托于找个有钱男人，或认为男人赚钱养家是天经地义的事，理财这种让钱生钱的事，哪能是女人们的事？所以，她们平时把精力都用在了穿衣打扮和美容上，却忽视了个人创造、积累财富能力的提高。

其实，身为21世纪的女人，不但在经济能力上不输于男

前言

人,在理财上也更具明显优势:①对家庭的生活开支更为了解,对收入支出的安排上享有优先决策权;②投资理财偏向保守,能很好地控制风险;③投资之前,往往会事先征求多人的意见,三思而后行等。只要女人能够放下对复杂数据的困惑和恐惧,转变"只求稳定,不看收益"的传统理财观,及早为自己充电,学习理财知识,掌握理财技能,并积极寻求不同风险档次、不同回报方式的投资渠道,比如基金、债券、股票、收藏、住房、商铺等,以最大限度地增加手中的财富收益,才能更游刃有余地为自己规划一个安全、美好的未来。

为了帮助更多的朋友意识到理财的重要性,及早跳出理财误区,掌握理财诀窍,本书吸纳了当前国际上先进的理财观念,结合国人的消费习惯和收支情况,深入浅出、系统生动地介绍了很多新颖、简易的理财技巧,具有很强的实战指导意义。

正如国外著名的财务管理专家所言:"不管你的年龄、地位和处境如何,不管你是20多岁,还是80多岁,不管你是单身、已婚、离异,不管你是职业女性,还是家庭主妇,作为一名女性,你绝对能够管好自己的钱,把握自己的前景。"

现在,就让我们打开这本理财宝典,打开心中的财富之门吧!

目录

|第一章|

精打细算，储蓄理财

精打细算，合理储蓄 / 3

储蓄的必修课 / 8

定期存款可巧取 / 15

为子女储蓄教育费 / 21

外币储蓄有诀窍 / 26

安全使用银行卡 / 31

精明打理银行卡 / 37

用好信用卡这把双刃剑 / 43

别步入信用卡使用误区 / 50

智慧理财

|第二章|

把握机会，投资理财

买债券，要因时因地因人而宜 / 59

投资债券，要合理计划 / 66

投资债券，勿忘风险 / 72

购买保险，牢记要诀 / 78

保单也需"体检" / 86

保险索赔五步曲 / 93

花点心思，了解基金 / 98

挑选基金管理公司 / 102

基金操作秘籍 / 107

找出值得投资的个股 / 114

投资股票的方法 / 118

股票的买卖时机 / 126

规避股市风险 / 130

房产投资攻略 / 138

目 录

二手房的投资技巧 / 145

有选择地投资商铺 / 151

收藏要理性 / 157

适合女性投资的藏品 / 164

|第三章|

理性计划，消费理财

女性购房须知 / 173

用银行的钱买房 / 180

精打细算巧装修 / 188

女性购车指南 / 195

给车投保有学问 / 204

养车省钱有窍门 / 212

旅游省钱全攻略 / 218

旅游消费谨防陷阱 / 224

第一章 精打细算,储蓄理财

第一章 精打细算，储蓄理财

精打细算，合理储蓄

　　每一个人都喜欢谈论热门股票以及业绩辉煌的共同基金，却从来没有人提到通过储蓄来积累进行投资所需的现金。然而，假如你想进行投资的话，就必须进行储蓄。因为储蓄是个人理财的根基，也是投资资金源源不断的源泉。

　　更重要的是，储蓄能够让你获得那些手边没有现款的人获得的那种机会。比如，股市正在下跌，如果你每月都存一些钱，那么股市下跌对你来说就是投资机会了，因为那时你可以利用平时每月的储蓄逢低买入股票获利。而如果你的手中没有储备金，也只能坐失"财"机。

尽管储蓄具有如此多诱人的理由，但有些人却总抱怨："我的工资还不够塞牙缝的，哪有余钱可存？"或总是沉浸在"等到我有钱的时候……"的想象之中。

如果你以为这些都是一些中低收入的人发出的抱怨，那你就大错特错了，在这些抱怨没有余钱可存的人中，不乏一些拿着中、高薪水的"精英"，他们身上穿着的是名牌，脚上穿着的是名牌，手里拎着的是名牌包，发梢飘出来的是"香奈尔"的气息……但是，他们可能会觉得，钱在他们的手里就像长了脚一样，一下子就跑掉了。当他们还在盘算着为自己购置哪套服装的时候，却发现卡上已经显示"余额不多"了。

这类人若想储蓄，就应该根据自己的收入状况，为自己制定合理的消费预算，然后强迫自己依此行事，以避免将手边现金漫无目的地花掉，多储蓄也就顺理成章了。

第一步，盘算自己的收入状况。

俗话说："磨刀不误砍柴工。"在正式开始制定消费预算之前，需要算一算自己每个月的收入究竟是多少？每年的收入能够有多少？也就是要先盘算自己的收入状况，然后据此制订出相应的消费预算，这样的预算才是切合实际的，才容易做到。

第二步，编制消费预算。

第一章 精打细算，储蓄理财

一旦全面地盘算清自己的收入状况后，就可以开始着手为自己编制消费预算了。

消费预算如何做？尽管每个人的需求、目的和经济状况各不相同，制订计划的详细内容也有所不同，但是，目标却是一致的，而且采取的步骤也都大同小异。下面就介绍一种通用的消费预算方法：

（1）决定是把半个月、一个月还是一个季度作为一个预算周期。大多数人觉得领取工资的周期(在我国多为一个月)是最便于计算的预算期。

（2）先将这段期间的固定支出费用及预计想储蓄的金额列出来，固定支出费用包括所有能事先知道确切金额的费用，如房租、水电费、燃/煤气费、卫生费、老人赡养费、分期付款以及其他税收。之所以要先将预计想储蓄的金额列出，也是为了更好地"强迫"储蓄。目前不少人的储蓄方法并不科学，他们有的把每月结余变成储蓄，多就多存，少就少存，没有就不存，这也就是很多人存不下钱的原因所在。

（3）列出所有数额常有变化的日常生活开支费用，如食品费、置装费、娱乐费、医药费、购书费、零花钱等，并估计在预算期内各项支出约各占多少。要做出准确的估计，就需要

以长期的经验,了解市场价格。例如,一年里哪几个月水果短缺昂贵等。支出的多少也取决于各家庭成员是否都擅长于购得价廉物美的物品。买回来的衣料要计算得当的话,就可以避免衣料不足,或过剩而造成不必要的浪费。

(4)一些大宗的开销,如购买电视机、洗衣机或是给子女办喜事,所需金额往往超出一个月的收入。这就需要未雨绸缪,提前半年、一年甚至更长的时间进行规划,算出所需总额后,在几个月或更长一段时间里每月分摊,这样就可以避免一下子与其他项目的开支冲突,出现赤字。

(5)将一个预算期内的各项目开支加起来,并将支出总额与自己在这段时期的总收入相比较。如果支出费用超过总收入,就会出现逆差,就应设法削减开支;如果支出总额低于总的收入,就会出现盈余,可适当增加开支,使生活过得丰裕些。但是,最重要的是要每月定期将一部分盈余的钱存起来,用作日后购买大件家具或者以防不测之需。

(6)设立账本,制订表格,将所有的用钱计划填入表内,订出消费预算表。

到了现在,你已经有了消费预算,接下来就应该严格按照已拟定的预算有计划地支出,同时还有必要详细地记录自己的实际

第一章 精打细算，储蓄理财

开支情况，然后将预算的开支与实际开支作一下比较。如果每个月的实际开支超过或低于预算的20%~30%，最好检讨一下预算编列得是否太过紧缩或者是弹性过大，并做必要的调整。

储蓄的必修课

　　或许你现在已经认识到了储蓄的重要性，并已经养成了储蓄的好习惯，成为一名真正的"储蓄族"，你是否意识到在银行储蓄存款也有学问呢？在日常生活中，有些女性对银行开出的存单往往是拿到手抬脚就走，等事后发现有差错，再与银行交涉，不仅会给自己带来不少麻烦，甚至会使自己蒙受一定的经济损失。有鉴于此，你在储蓄前还需先修修关于如何储蓄的课题，确保给自己的存款加上"锁"。下面是储蓄时应该注意的几个方面：

第一章 精打细算，储蓄理财

1.慎选银行存款

一些非法融资机构以高利诈骗老百姓钱财的事件时有发生。为了给钱找个安全可靠的栖身之处，在存款时一定要睁大双眼，慎选银行。

首先，要从安全、可靠的角度去选择。当你走进某银行存款时，首先应该看看该银行有无在醒目位置上悬挂中国人民银行准予开业的金融机构营业许可证和工商行政管理部门制发的营业执照，这两证是当前辨别一家银行是否合法、可靠的最主要的标志。

其次，要从银行的硬件服务设施的角度去选择。可选择有电视监控设备的银行，一来可以增加储户与银行柜面工作人员彼此间的透明度，一旦在柜面发生纠纷如长短款、伪假钞等也有录像为证，有据可查。二来假如储户存单、存折或现金被窃或被他人冒领，可借助电子监控设备查找冒领人，为警方破案提供线索。

再次，要从银行涵盖业务的角度选择。如今许多银行在向"金融超市"的方向发展，除办理正常业务外，还可以办理交纳话费、水费、煤气费及购买火车票、飞机票等业务，选择这样的银行会为生活带来便利。

最后,要从银行地理位置的角度选择。应选择那些具有区位优势、规模大、视觉形象好及周边储源丰富的银行网点存钱,因为这些银行是不大会轻易撤并、迁址的。另外,最好能选择离家或单位很近,或上下班顺路,或营业时间适合自己存取款的银行,毕竟时间就是金钱。

2.因人而异选储种

不同的储种有不同的特点,不同的存期会获得不同的利息。在选择储蓄种类和存款期限时不能盲目,而应根据自己的消费水平以及用款情况来确定。

若你手中的余钱只是备作日常生活零用的开支,应选择活期储蓄。其优点是不论金额大小都可随时支取,且存款起点也只需在1元以上,灵活方便。但利息很低,年利率仅0.99%。所以应尽量减少活期存款。

若你有一笔积蓄,在较长时间里不准备动用,可选择整存整取定期储蓄,能获得相对较高的利息。不过,由于现在银行储蓄存款利率变动比较频繁,所以,在选择定期储蓄存款时应尽量选择短期。

若你手中的余钱在千元以下,且一时难以确定用款日期,应该以定活两便储蓄为宜。因为定活两便储蓄在一年内(含一

第一章 精打细算，储蓄理财

年）是按同档次定期储蓄打六折计息的，比活期储蓄利息的收益要多一些。

若你手中的余钱在千元以上，那么个人通知存款最为适宜。这种储种利率档次多，而且可以一次存入，分次支取，未支取部分仍按原开户日计息，也可一次全部支取结清，具有"活期之便，定期之利"的优点。

若你有一笔1万元以上的款项，并希望在不动用本金的前提下，每月按期获取利息用于日常开销，存本取息定期储蓄无疑是最适合的品种，有3年期与5年期两档存期供你选择。

若你希望在平时有计划地将小额结余汇聚成一笔较大的款项，以备日后所用，零存整取定期储蓄可以提醒你每月存款，帮助你积零成整。

3.存款不要用假名

在办理储蓄存款手续时，应该按照居民身份证或户口簿等有效证件上的信息填写自己的真实姓名和家庭住址及联系电话，千万不要用假名、同音名、代号或笔名。如果使用假名、同音名、代号或笔名，会有三大害处：一是如果有急用，不能凭自己的有效证件办理提前支取手续。二是以存单为抵押，向开户银行申请抵押贷款时，因存单上的假名与自己有效证件上的真名

不同，不可能办成。三是存单被盗窃或遗失后，难凭自己的有效证件办理挂失，从而容易被人冒领和白白丢失自己的存款。

另外，在存款时，也不宜用儿童的名字存款。因为儿童没有什么证明，故在办理提前支取或挂失手续时，往往造成许多不必要的麻烦，比如需到司法部门开具监护人与被监护人的关系证明、独生子女证等。所以，在存款时不宜用儿童的名字。

4.密码勿选"特殊"数

开展密码储蓄业务，是银行确保储户存款安全，防止冒领的一项重要措施。时下，很多女性会为存款加密码，却不能很好地选择密码，如有的女性喜欢选用家庭电话号码、门牌号码、本人的生日作为密码，这样就不会有很高的保密性，因为这些信息通过身份证、户口本、履历表等途径就可以被他人知晓。所以，在选择密码时一定要注重安全性，最好选择与自己有着密切相连又不容易被他人知晓的数字，也可以用一些数字组合，这样他人就不容易猜到了。

另外，务必要保守秘密，不要让他人知道自己的密码，以免密码外泄。如果密码失密，存单（折）一旦被窃或遗失，其他人凭密码支取、冒领的情况就可能发生，这样就会给自己带来损失。

第一章 精打细算，储蓄理财

5.认真核对存单（折）

目前银行均采用电脑记账打单，由于人为或电脑原因，可能会产生差错，所以当你拿到开出的存单（折），必须对存单（折）上的各项内容认真核对，看姓名、存期、利率、所存款项等是否相符，如有不符之处应立即向银行提出更正。另外，还要仔细检查存单（折）上的印章是否齐全。存单（折）是储户向银行提取存款的唯一有效凭证，如果缺章少印，就不具有法律效力，因此，要仔细看存单（折）上的印章是否齐全，以免日后出现不必要的麻烦。

6.存单（折）不可乱"藏"

人们将钱存进银行，是不会将存单（折）随意乱藏的，但有些人在银行存款，怕被别人知道，尤其是老人的养老钱和自己的"私房钱"存入银行后，总喜欢将存单（折）藏起来，一般藏的地方都比较隐秘，如墙缝板隙中、书籍报刊中、旧衣柜中、旧鞋里、地下等，时间长了就不免会忘记，甚至会被虫蛀或被鼠吃，这样一来，就会带来不少的麻烦。因此，提醒朋友们，当你在存款后一定要妥善保管存单（折），应将其放在一个固定的地方。同时，不要将存单（折），特别是活期、定活两便存单（折）存放在很容易被小孩子或他人取到的地方。另

外，存单（折）要与印鉴和身份证分开存放，以防同时被盗而被他人冒领，带来不必要的损失。

7.存款到期应及时取

根据银行现行规定，到期不取的定期存款，除预先约定转存的以外，逾期部分一律按活期储蓄利率计算。但是，现在有些女性却不注意定期储蓄存单的到期日，往往存单已经到期很久了，才去银行办理取款手续，这样一来就损失了利息。因此，个人存单要经常看看，一旦发现定期存单到期就赶快到银行支取，以免损失利息。对于记性不好，或去银行不方便的女性储户，还可以选择银行的预约转存业务，这样就不用记着什么时候该去银行，存款会按照约定自动转存。

第一章　精打细算，储蓄理财

定期存款可巧取

　　收入增加了，并不能完全消除偶尔缺钱的尴尬。相信不少人都遇到过急需用钱的时候，即使自己手中持有各种资产，但是，由于流动性不足或者其他原因而没有办法及时转化成所需的现金，这时就不得不提前支取定期存款了。

　　然而，根据规定，定期存款提前支取只能按活期利率计算利息，损失是不可避免的。但是，我们完全可以利用一些技巧使存款的利息损失减少到最低程度。不信？那就按下面的技巧试一试吧！

　　首先，取款前先算账。

若无特殊需要或有把握的高收益投资机会，不要轻易将已存入银行一段时间(尤其是存期过半)的定期存款随意取出。

因为，即使在物价上涨较快、银行存款利率低于物价上涨率而出现负利率时，银行存款还是按票面利率计算利息的。如果钱不存在银行，又不买国债或进行别的投资，而只是放在家里，那么连最基本的利息都没有，损失将更大。

即使遇到比定期存款收益更高的投资机会，如国债或其他债券的发行等，此时，你也将定期存款取出改作其他投资，但必须先核算一下利息的得失而后行。

例如，1995年三年期凭证式国债发行时，因该国债的利率为14%，高于当时五年期银行存款的利率，于是，有部分投资者便取出原已存入银行的三年或五年的定期存款，去购买三年期的国债。

对于那些存期不足半年的储户来说，这样做的结果是收益大于损失。但对于那些定期存单即将到期的储户来说，用提前支取的存款来购买国债，损失将大于收益。因为尽管三年期和五年期的定期存款的利率低于三年期国债，但到1996年7月为止，保值贴补率仍保持在5%以上，定期存款的利率与保值贴补率两者相加，其收益率仍远远高于1996年三年期国债14.5%的收益率。

第一章 精打细算，储蓄理财

由此可见，对于那些手中的定期存单即将到期或存期已满一年的储户来说，万不可不经过仔细计算，就盲目地提前取出定期存款，改作其他投资，实际结果往往得不偿失。

其次，采用取款的技巧。

虽然我们主张女性朋友最好不要轻易地将已存入银行的定期存款随意取出，但如果因为遇到一些特殊的情况而不得不提前支取，这时要使存款利息的损失减少到最低程度，就需要采取一些技巧：

1. 办理部分提前支取

银行规定，定期存款的提前支取可分为部分提前支取和全额提前支取两种。如果储户在办理了定期存款以后，遇到急事要动用存款，即可根据自己需要，办理部分提前支取，这样剩下的部分存款仍可按原有存单存款日、原利率、原到期日计算利息，自然便可减少利息损失。

1999年8月1日，马女士将10万元存为1年期定期存款。第二年"五一"，为了陪远道而来的亲戚游玩，马女士急需用钱1万元，这时候，她如果直接将存单上的10万元全部取出，那么这10万元全部都将按活期利率计付利息。

而事实上，如果她办理定期存款的部分提前支取手续，根

据需要提前支取1万元,其余9万元仍按原存入日期的原利率计息,那么,她就比全部提前支取减少损失达850元,计算公式如下:

(100000－10000)×(2.25%－0.99%)×270÷360=90000元×1.26×0.75=850(元)。

2.办理存单质押贷款

存单质押贷款是指储户以未到期的定期储蓄存款作质押,从银行取得一定金额的人民币贷款,并按期偿还贷款本息的一种存贷结合业务。根据目前银行规定,定期存单质押贷款金额原则上以不超过存单面额90%的质押率计算,贷款期限不得超过质押存单的到期日,且最长不超过一年。若为多张个人存单质押,以距离到期日最近的时间确定贷款期限。办理自动转存的存单以自动转存期限长短确定。

储户在存入一年期以上的定期储蓄存款以后,如因急用需全额提前支取,而支取日至原存单到期日的时间已过半或较短,在这种情况下,便可以用原存单作质押办理小额贷款手续,这样做既满足了资金需求,也可减少利息损失。

梅欣原本有一个幸福的家庭,在国家机关工作的丈夫细心体贴,刚上小学的儿子活泼可爱。可天有不测风云,令梅欣始

第一章 精打细算，储蓄理财

料不及的是，今年年初的一场感冒，儿子突然被检查出身患肺癌，需要立刻入院化疗。一夜之间，家里可用的现金全部用光了，但还差将近5万元的化疗费。情急之下，梅欣不得不动用手中的定期存款。

这是一笔10万元的定期存款，存期3年，利率2.25%，离到期还有半年。此时梅欣若不知道办理存单质押贷款，而将存款全部取出，那么她将损失利息达3960.00元。

计算方法如下：

三年到期利息（扣除所得税）为：100000×3×2.25%（定期利率）×80%=5400.00（元）

如提前支取获得的利息（扣除所得税）为100000元×2.5×0.72%（活期利率）×80%=1440.00（元）

提前支取的利息损失为：5400.00－1440.00=3960.00（元）

如果梅欣把这10万元的定期存款拿到银行申请质押贷款，最多能够贷款8万元，完全能够满足她5万元的资金需求，而且质押贷款用期半年的总利息支出仅为：100000×0.5×5%（贷款利率）=2500.00（元），这比提前支取定期存款要损失3960.00

元利息显然要经济得多。

真是不算不知道,一算吓一跳啊!看来,在提前支取将要到期的定期存款时,通过办理存单抵押贷款手续来避免利息损失还是大有可为的。

在提前支取定期存款时,以上所说的两种技巧均可避免利息损失。究竟应采取哪种方式,还需根据本人的用款时间以及用款日期离原存单到期日的时间来确定。如果用款日期较长,或用款日离原存单到期日时间较长(存单的原定存期尚未过半),而需用款项小于原存单款额时,就要考虑采用部分提前支取存款的方式;如果用款日离原存单到期日较近,而用款时间较短,只用几天或者一两个月,那么就应该考虑以定期存款单作抵押借助资金来解决临时急用资金的需求了。

第一章　精打细算，储蓄理财

为子女储蓄教育费

"望子成龙""望女成凤"是中国家长们的最大心愿，为了让子女从小接受良好的教育，上全市、全省一流的学校甚至出国深造，家长们无不节衣缩食，精打细算，苦心竭虑地为孩子积攒教育费用。

这也难怪，看看现在每年飙升的学费，再想想以后可能的通货膨胀，子女教育费用将成为家庭的主要开支。有人估算，现在一个小孩要在国内读书到大学毕业，学费在20万元左右，还不包括生活费；如果出国留学，仅留学费用就在30万~100万元不等！这些都是现在的数字，假如学费以每年3%增长，10

年后在国内读到大学毕业的费用在30万元左右,是不是不可想象?面对如此庞大的教育支出,家长们当然应该尽早给孩子积蓄教育费用。

如果家长们能把自己的积蓄存入利率较高的教育储蓄,掌握其存储技巧,运用得当,不仅能带来可观的存款利息收入,同时也能为子女以后的升学、就业提供更多的资金保障。

教育储蓄是指个人按国家有关规定在指定银行开户、存入规定数额资金、用于教育目的的专项储蓄,是一种专门为学生支付非义务教育所需教育金的专项储蓄,储蓄对象为在校小学四年级(含四年级)以上学生。

相对其他储蓄存款,教育储蓄的优越性体现在:一是利息优惠。教育储蓄作为零存整取储蓄,享受整存整取的利率,利率优惠幅度在25%以上。二是利息免税。储户凭存折及学校提供的非义务教育(高中以上)的录取通知书、学生在学证明一次支取本金和利息,享受国家规定的教育储蓄优惠利率,并免征教育储蓄存款利息。

储户还要注意以下几方面的内容:

1.存款期限

教育储蓄为零存整取定期储蓄存款,存期分为一年、三

第一章 精打细算，储蓄理财

年、六年。由于我国实行九年制义务教育，教育储蓄在到期支取时，储户必须凭学校提供的正在接受非义务教育的学生身份证明，这样才能享受利率优惠和免征的利息税。所以六年期教育储蓄适合小学四年级以上的学生；三年期教育储蓄适合初中以上的学生；一年期教育储蓄则比较适合高中以上的学生。这样孩子在存款到期时就可以享受优惠利率并及时使用存款。

另外，由于高中、大学阶段七八年都属非义务教育，因此，如子女还有一年上高中，倘若选择1年期教育储蓄是极不经济的，在家庭可承受的范围内，应尽量选择三年或六年的存期，以充分利用国家给予的优惠利率和免征利息税的政策，得到更多的储蓄收益。

2.开户时间

六年期教育储蓄的最佳开户时间为：小学三年级下学期暑假至四年级上学期初；三年期教育储蓄的最佳开户时间为：小学升初中那一年9月或初中升高中那一年7月至9月。一年期教育储蓄最佳开户时间为：升高二那年9月。当然，以上时间仅供参考，家长还应根据实际情况灵活调整。

3.存款金额

教育储蓄的本金合计最高限额为2万元，最低起存金额为

50元，存入金额为50元的整倍数，可一次性存入，也可分次存入或按月存入，约定存款额的多少，直接决定储户的利息与享受免税额。就是说，在同一存期内，约定存款额度越小，续存次数就越多，计息的本金就越少，计数基数就越低，所得利息与免税优惠就越少。反之，计数金额越多，计息的本金就越高，所得利息与免税优惠就越多。

如选择三年期教育储蓄，若每次约定存入5000元，共存4次，到期本金2万元利息额为1522.50元，其中享受免税额310.50元；若每次存入500元，续存36次，到期本金18000元，利息为749.5元，享受免税额149.85元，其中本金仅差2000元，利息就相差803.25元，其中免税额差160.65元。

如选择六年期教育储蓄，若每次约定存500元，共存40次，利息为2520元，其中享受免税额5504；若每次约定存5000元，约存4次，到期可得利息3384元，同为六年期存款，仅利息差就高达864元，其中可享受的免税差也较大。

可见，选择教育储蓄每次约定金额要根据自身经济水平尽量高些，这样得到的利息及免税金额的实惠也就多些。

4.支取方法

教育储蓄的支取方法主要有以下三种：

第一章　精打细算，储蓄理财

1.到期支取

到期支取时，储户必须凭存折及学校提供的非义务教育（高中以上）的录取通知书、学生在学证明（以下简称"证明"）一次支取本金和利息，这样才能享受国家规定的教育储蓄优惠利率，并免征教育储蓄存款利息。一年期、三年期教育储蓄按开户日同期档次整存整取定期储蓄存款利率计息；六年期的按开户日五年期整存整取定期储蓄存款利率计息。不能提供证明的，一律按实际存期和开户日挂牌公告的活期存款利率计付利息，并按有关规定征收存款利息所得税。

2.提前支取

提前支取时，储户能提供证明的，按实际存期和开户日挂牌公告的同档次整存整取存款利率计付利息，并免征教育储蓄存款利息所得税。不能提供证明的，一律按实际存期和支取日挂牌公告的活期存款利率计付利息，并按有关规定征收存款利息所得税。

3.逾期支取

逾期支取时，其超过原定存期的部分，按支取日活期储蓄存款利率计付利息，并按有关规定征收储蓄存款利息所得税。

外币储蓄有诀窍

由于央行三年多来连续七次下调了人民币存款利率,人们对原较陌生的外汇汇率、利率也开始关心起来了。从"将鸡蛋放在几只篮里"的理财方法看,家中适量存些外汇不失为合理与明智的行为。那么,怎样进行外币储蓄品种的选择与存取才能获得最大的收益?

1.选择银行

自2004年11月18日开始,央行决定不再公布美元、欧元、日元、港币二年期小额外币存款利率上限,改由商业银行自行确定并公布。既然存款利率由银行自己说了算,那自然就会出现定价

第一章 精打细算，储蓄理财

不一的情况。比如，同样是二年期美元定期存款，有的银行年利率为2.750%，有的则为3.375%，相差0.625%。因此，如果你选择最为安全的储蓄作为外汇理财方式，不妨到不同的银行咨询一下利率水平，然后再选择到银行进行储蓄。同时，还应注意选择那些已经开通了为客户提供外币兑换、外汇买卖、找零业务、通知存款、自动续存等一条龙服务通道的银行。这样，只要你持有任何一种外币，都可以通过其一条龙金融服务为你办妥省心称心的外币储蓄存款。

2.选择币种

目前，我国境内银行开办的外汇储蓄品种主要有日元、英镑、美元、港币、加拿大元、德国马克、法国法郎、瑞士法郎、欧元等十几种，在选择时，应兼顾利率和汇率两方面因素。一方面，应选择高利率币种，以取得更多的利息收入；另一方，面应选择硬通货币，也就是选择预期汇率将上升的币种。在二者不能兼顾时，储户应灵活判断，相机抉择。

据此，经筛选，目前美元、英镑、港币、加拿大元应为首选的4个优势存储币种：美元是当前国际金融市场公认的最重要的外币；英镑作为一个老牌金融货币，这些年来其利率和汇率也始终稳定在中上水平线上；港币坚持实行与美元的联系汇率

制,又有内地强有力的经济金融支持;加拿大元受惠于邻国美元经济的互通和支持,其汇率较稳定,近几年利率也开始逐步走高。

此外,马克、法国法郎、荷兰盾、比利时法郎、欧元这五个币种,它们一个月的存款利率均为1.5625%,都高于同期人民币存款利率的0.99%,它们二年期的存款利率均为2.3125%,若将银行的外币储蓄存款利率按规定还可以在其基准利率的基础上再上浮5%也算进去,都已经基本上与二年期的人民币存款利率2.43%持平,应予关注和择机介入。

除了以上外币品种外,其他如日元、韩元及东南亚等国家的货币的利率、汇率水平尚处于中下水平及不稳定状况,至少近期内不宜作为外币投资品种,你可将其先选择兑换成上述的某一外币后再存入外币储蓄。

3.选择存期

外币储蓄的利率受国际金融市场的影响比较大,稳定性差,国家对其经常调整。这种情况下,如何选择定期外币储蓄的存期就成了件挺有学问的事。

目前我国的外币储蓄分为活定两种,其中定期储蓄只有一个月、三个月、六个月、一年、二年五个档期,在选择存期

第一章 精打细算，储蓄理财

时，储户需根据自己的经验分析当时国内外金融形势，以判断利率水平的高低后再作选择。

一般来说，利率水平处于高点时应选择二年期的长期外汇储蓄，利率水平相对稳定时可选择六个月、一年期的中期储蓄，而利率水平异常波动或变化趋势不明显时，宜选择三个月或者一个月的短期储蓄或活期存款以便观望，这么做的好处是既可以适时抓住升值转存的机会，又不会因为提前支取损失太大。

选择短期储蓄或者经常需要用外汇现钞的储户，最好应选择一家同时开办有保管箱业务的银行网点，因为保管箱可以妥善保存存单，能够避免携带已到期的存单不断奔波的风险。

另外，存款到期后要及时转存，否则逾期部分按活期利率计算。对于那些不愿经常前往银行或者身在境外又不愿委托别人代理的储户，银行一般可为其办理自动转存。即存款到期后，银行自动将客户原来的定期存款本息合计金额按原来存款单所定期限，根据转存日(到期日)的银行挂牌利率转存为新的定期存款。有了这种约定，储户即使一时忘记转存也不会损失利息。储户还可以与银行签订协议，实现各币种之间活期转定期、定期转定期、定期转活期的自助转存。

4.选择账户

有些人在进行外汇储蓄时,由于不能正确区分"钞户"、"汇户",不但增加了费用,而且损失了收益。

按外币储蓄存款账户的性质分,外币储蓄可分为现钞账户(钞户)和现汇账户(汇户)。具体来说,存入外币现钞而开立的账户就是现钞账户,从境外汇入或持有外汇汇票则只能开立现汇账户。

在符合外汇管理规定的前提下,汇户中的外汇可以直接汇往境外或进行转账,而钞户则要经过银行的"钞变汇"手续之后才可办理,无形中增加了手续费;另外,如果兑换成人民币,钞户汇率要低于汇户汇率。

一句话,"现钞"不如"现汇"的含金量高,所以,建议广大女性储户应尽量选择现汇账户,既可方便换成外钞,也可自由进出国门,省却相当一部分手续费。如果需要外币现钞也应该用多少取多少,而不要轻易将"现汇账户"里的钱转入"现钞账户",以避免不必要的损失。

第一章　精打细算，储蓄理财

安全使用银行卡

当钱包里厚厚的一沓钞票已经被一张张巴掌大的银行卡取代的时候，刷卡消费就已经和人们的生活紧密地联系在一起了。对于"持卡族"来说，无论在商场、超市、酒店、娱乐场所甚至是网络，只要有一张银行卡就能够随时随地消费，极为便捷。

然而，有些"持卡族"在尽兴享受银行卡带来的便捷时，却不注意安全使用银行卡，从而导致被盗被骗的情况时有发生，不仅给自己带来了不必要的麻烦，还使自己蒙受了一定的经济损失。

白领职员方菲，经常使用银行卡购买各种化妆品。由于是某商场的常客，方菲与柜台的导购混得比较熟。加上她的性格外向，平时总是大大咧咧的，在商场人多的时候，她不愿意自己排队付款，所以就将卡交给专柜的导购，并告诉导购银行卡密码，委托其交款。

有一段时间，方菲经常感觉银行卡账户里的存款莫名其妙地减少了。开始的时候她以为是自己买了东西而忘记了，然而时间一长，这种情况时有发生，她便开始怀疑起来。于是到银行查询了自己的银行卡使用记录，发现自己的银行卡有几次网络购物消费的情况。

这让方菲感到很纳闷，因为她清楚地知道，虽然开通了网上银行，但自己近期没有在网上消费过，想来想去，也只有商场柜台的导购在帮自己交款时知道自己的密码。

方菲随即更改了银行卡的密码并报了警，之后再没有发现类似银行卡账户存款无端减少的情况。

在上述案例中，方菲随意将银行卡密码泄露给他人，是导致方菲银行卡存款失窃的主要原因之一，而卡密码又与网银密码一致，所以才使别人钻了空子。

第一章　精打细算，储蓄理财

由此可见，对于"持卡族"来讲，非常有必要了解一些安全使用银行卡的知识和方法，以免给自己带来不必要的麻烦和经济损失。

1.妥善保管，避免消磁

银行卡的主要构成材料是塑料和磁条，容易受外力和环境的影响而受损，如保管和使用不当，将会出现变形、断裂、磁性减弱、磁条损坏、掉磁等变质现象，导致银行卡无法正常识别或读取出卡号信息，造成银行卡失效。这样你又得花钱重新申领一张银行卡，而且又得花费精力和电话费重新告知有款项往来的生意伙伴。

因此，你应该妥善保管银行卡，不要将它随意扔在杂乱的包中，防止尖锐物品磨损、刮伤磁条或扭曲折坏，而应将它放在带硬皮的钱夹里，位置不能太贴近磁性包扣，也尽量不要和电脑、掌上电脑、磁铁、文曲星、商务通等带磁物品放在一起，还应尽可能远离电磁炉、微波炉、电视等电器周围的高磁场所。此外，多张银行卡最好不要紧贴一起存放，更不能将两张银行卡背对背放置在一起，使磁条相互摩擦、碰撞。对于已损坏的银行卡，应及时剪断，并交回发卡银行，另换一张新的银行卡。

2. 做好保密工作

在这个"密码时代"里，需要各种各样的密码才能保护我们的个人信息以及资金的安全，而密码是需要自己来保密的。所以，任何时候都不要轻易地泄露自己的银行卡密码，避免资金被窃。在设置银行卡密码时，应避免使用出生日期、电话号码等他人易获知的个人信息。在使用银行卡进行消费时，一定要自己亲自刷卡消费，切勿将银行卡密码告知他人。一旦银行卡不慎丢失，应在发现的第一时间到发卡行办理挂失手续。

另外，还要注意的是，应该不定期地更改银行卡密码。因为随着网络购物、电话购物等多种渠道的出现，网络银行支付、电话银行支付等多种支付方式也应运而生。在这些支付方式中，密码就是用户的唯一识别信息，只要密码正确，就可以进行转账。所以，及时并且经常更改自己的银行卡密码，也是保护个人财产的重要手段。

3. 避免ATM"吞"卡

在跨行ATM交易过程中，ATM机发生故障、持卡人操作失误或交易完毕后忘记取卡30秒钟后，ATM机会吞卡；而当密码输错或输错次数超过发卡行规定以及磁条信息错、磁条损坏、过期卡、废卡及其他情形，ATM拒绝交易，但不吞卡。同

第一章 精打细算，储蓄理财

行交易，遇到上述问题都可能被吞卡。为了避免ATM吞卡，在进行ATM交易前，首先要确认所持卡片的磁条是否损坏、卡片有无超过有效期，不要贸然使用。其次，在交易完毕后要及时取卡。最后，一旦发生吞卡，要注意保管好吞卡后ATM打印的凭条，在吞卡三个工作日内持个人有效身份证件到所属银行网点办理领卡手续。

4.刷卡受阻需"授权"

习惯刷卡消费的女性或许会遇到在消费时刷卡"受阻"，不能正常支付的情况。之所以会出现这样情况，原因有几种：一是银行卡磁条损坏；二是消费金额可能超过了银行卡中的信用额度，POS就会显示拒付指令，此时应及时了解银行卡余额状况，以免发生拒付现象；三是在短时间内刷卡次数过多。银行为防止银行卡被窃多次冒用，在受理程序时设置了短时间多次刷卡的屏障，这时需要你致电银行授权中心进行"人工授权"。

5.妥善保管交易凭条

不管是在本地刷卡消费或是在异地刷卡消费，均应妥善保管好交易凭条，至少应该保留至下一个月对账单寄来时，核对无误后再销毁。如果发生跨行或者跨地区银行卡重复扣款等现象，应该凭交易凭条及时与发卡行联系。另外，在ATM机上交

易时，同样应妥善保管好交易凭条，以免给银行卡犯罪分子以可乘之机，才能尽可能地保障自己的资金安全。

6.境外刷卡要细心

经常出境的女性，办个国际卡最方便。但国际卡制作时间较长，一般要12个工作日才可以拿到手，所以办卡要提早。国际卡一般都在境外使用，使用过程中不需要密码或证件，都是凭签字授权，所以当你拥有国际卡后，首先要验证姓名正确与否，还要在国际卡背面签上名，最好是不易被人模仿的字体。需提醒你的是，在国外刷卡时，要注意细心地填写银行卡签购单上的三栏金额：基本消费金额、小费及总金额。你可在"小费"栏填写支付小费金额，与实际消费金额加总后填入"总金额"栏内，确认无误后再签名确认。总金额一定要算对，如果多写了一个零，小费就给太多了。

第一章 精打细算，储蓄理财

精明打理银行卡

不得不承认，银行卡作为现代化的结算工具，方便快捷，既可避免携带现金的不便，又可免去辨别假币的不易。然而，银行已开始向持卡满一年的客户收取年费了。这对于那些只办理了两张银行卡的人，其影响不大。但对于持有多卡的人来说，如何打理各种银行卡，并利用其免费透支消费，却大有学问；如果打理得当，将可以省下一笔不菲的开支。

1.银行卡也需要"减肥"

有些人之所以会持有多张银行卡，不仅是为了显示自己，最主要的还是因为这些卡的用途都不一样。比如，ATM取款、

缴房贷车贷、缴水电费等,要分别使用不同的银行卡。

殊不知,这样表面上看是给自己带来了方便,但实际上容易造成个人资金的分散,需要对账、换卡和挂失时,更是要奔波于不同的银行间,无端地浪费了大量的时间和精力。而且,持有太多的卡,且多数是不常使用的"睡眠卡",白白被扣了年费不算,还增加了遗失的风险。

目前,银行卡的综合服务功能越来越完善,客户只需到银行开办"一卡通"业务,用一张银行卡即可囊括取款、缴费、转账、消费等所有功能。而且银行对银行卡收费的一个目的,就是笼络大额和优质客户,做大其集中度和贡献度。因此,为了维护自身以及银行的利益,精明的女性也应该给自己的银行卡"减肥"了!

首先,你要按照功能将多张银行卡进行合并,最好合并成三张:一张存备平时的预留资金,供日常生活中使用,如公用事业费的缴纳、房贷的偿还、小宗的支出,等等;一张用于储蓄,在卡内设有几个定期存款的账户,获得尽可能多的利息收益;第三张可以用来投资理财,比如购买股票、基金或是投资于黄金、外汇,等等,这样在核定自己的投资收益时一目了然。

其次,对于不同银行间的银行卡,应根据你的实际用卡情况，综合比较，选择一张最适合自己的银行卡，如果你经常出国，那么一张双币种的国际卡就是你的首选；如果你工作固定，外出的机会少，那么就申请一张功能多样、服务周到、在市内网点众多——最好在你家门口或单位附近就有网点的银行卡，就可以了；如果你是个成天挂在网上的"网虫"，不爱出门，习惯一切在网上搞定，那么一家网上银行功能丰富的银行卡就是为你量身定做的了。

最后，对于那些不常用的银行卡，如果是挂在存折账下，可到银行办理脱卡手续，取消银行卡的服务功能；如果是已经不用的"睡眠卡"，则应及时到银行销户。

如此给手中的银行卡来一次彻底地"减肥"，只留两三张适合自己的、功能齐备的银行卡，不但个人资金的管理效率提高了，还利于有效地控制自己的财务情况，在银行卡收费时也可高枕无忧了。

2.减少银行卡的使用成本

银行卡给现代人带来方便的同时，也给人增加了费用开支。对于单笔的银行卡使用费用，也许有一些女性会觉得没有必要斤斤计较，但在频繁的使用中，银行卡费用支出的合计数就不是一笔小钱了。因此，就要懂得如何节约银行卡的使用成本。

就目前来说，减少银行卡的使用成本要注意几点要求：

（1）不在ATM机（即自动取款机）上跨行取款。因为自动柜员机的每笔跨行交易，持卡人均要支付2元的费用，次数多了，几年下来也就不是一笔小钱了。

（2）在省辖范围内尽量不凭卡号存款，而应持卡进行异地存款。因为目前许多银行对省内的通存通取也收费了。

（3）在省外持卡取款时，应坚持"用多少取多少"的原则，能不取的尽量不取。因为在省外取款要视不同的银行卡收取1%~3%的手续费，这可不是个小数目，要是取个10万元就得支付1000~3000元的手续费。

（4）在商场、酒店坚持刷卡消费，一能获取积分，达到一定的积分时，银行会将积分折算成物质奖品或是现金返回持卡人；二能获得抽取大奖的机会，这个机会可千万别放过，或许大奖的幸运儿就是你，而且此类大奖奖品是汽车等高价值的东西。因此，到商场采购或到酒店消费时，别忘了刷卡。

（5）使用联名卡。一些银行与商家联手推出了联名信用卡，这种联名卡能让持卡人"赚"到钱。它包括衣食住行的方方面面，购物、休闲、餐饮，甚至机票均有较大程度的打折，有些联名卡，还为持卡人投保了全年航空意外险，也就是说持

第一章 精打细算，储蓄理财

卡人自办卡之日起，商务旅游乘坐飞机无论是一次还是多次都节省了购买航空保险的钱。

3.发掘银行卡的理财功能

如今，大部分女性还只是把银行卡作为一种支付工具，真正将其作为理财手段的却寥寥无几。但其实，银行卡还具有许多理财功能。

1."一卡多账户"功能

在同一张银行卡下设立不同的账户：活期、三个月定期、六个月定期、一年定期、三年定期等。在银行的柜台上一次开办此业务后，你就可以在家中或是办公室通过电话银行或者网上银行，把自己的钱"搬来搬去"了。

2."一卡多币种"功能

在同一张银行卡下拥有美元、欧元、港币、日元等多个不同币种的账户，同时还可进行外汇买卖，在不同币种之间交换，实现增值保值的目的。

3.银行卡内"定活理财"

比起"一卡多账户"，银行卡内"定活理财"更加省事方便，只需要在银行设定不同存款比例，银行就会自动为你将资金"搬运"到不同的存款账户里。在必要的时候，还可以在活

期和定期之间灵活调度资金,让你既享受到活期的便利,又不失去定期的收益。

第一章 精打细算，储蓄理财

用好信用卡这把双刃剑

目前，办理信用卡变得很容易，而且信用卡从功能到卡面设计都越来越完善，越来越吸引人，所以，很多人钱包里或多或少都有一两张银行信用卡，一卡在手，似乎底气也足了几分，往往在囊中羞涩的时候，信用卡就成了"大救星"。

其实，信用卡并不是"大救星"，而是典型的"双刃剑"：一方面，它给人们的生活带来便利与安全；另一方面，它也极大地刺激了人们的消费欲望，使人们的日常花销大大增加，负债也开始增加，一不小心就身陷"卡奴"的困境。可以说，如何用好信用卡这把双刃剑，是人们时尚消费的必修课。

1.防止信用卡被盗用

晓璐所在的单位在一幢新落成的写字楼里,楼里生活服务设施一应俱全,从商场、超市到发廊、健身俱乐部样样都有。晓璐平时不太爱出去,所以绝大部分时间都出没在这幢楼里。为了消费方便,她办了一张信用卡,同样为了消费方便,她没有为这张卡设置密码。

不久前的一个周末,晓璐到健身房里练瑜珈,没想到,她的钱包在健身房里被盗了!两个小时后她才察觉,打电话到银行挂失时,银行工作人员告诉她,她的卡已在两小时内被狂刷了7000多元的珠宝,这下她可真是懊恼不已:当初为什么不给卡设密码呢?更让她愤恨的是,事后发现盗用者在签名时居然把"璐"写成了"路",而收银员连这样的明显错误都没有看出来。

不设密码、只核对有效签名应该说是国际上使用信用卡的惯例,这个惯例是为了鼓励消费行为而设,但方便的同时也降低了安全系数,像案例中的那一幕谁也不能保证不会再出现。所以,为了防止信用卡被盗用,除了持卡人自己要留心外,还应当为信用卡设置密码。当然,现在的信用卡按照国际标准来

第一章 精打细算，储蓄理财

讲，应该是没有密码的，但目前国内有些银行通过开发系统设置了密码。

另外，持卡人还可以通过短信控制风险，当你的信用卡被刷的时候，银行会及时以短信形式通知你，如果你的卡丢失或被人冒用，就可以及时向银行提出止付要求，从而在一定程度上控制风险。现在很多银行都有这项服务。

此外，相关的个人信息也要妥善处理。很多手续都需要的身份证复印件，用过之后要及时销毁，甚至递出去的名片都有可能被非法贷款机构利用，用来申请信用卡进行套现活动。

2.不要申请多张信用卡

佳琳是典型的"月光族"加"超前消费体验者"，在不同银行的积分送礼、优惠打折和抽奖的诱惑下，她一口气办了五张信用卡。但是，过了一段时间，她发现手里持有多卡，反而制造了更多的麻烦。首先是在改用信用卡支付以后，她的消费额度大大增加，通过银行的对账单，她发现自己已经在支付大额的循环利息了。另外就是还款，不同的信用卡有不同的免息还款期，像她这样的"马大哈"根本搞不清每一张卡的免息还款期，所以逾期罚款总是难免，这让她有种一团乱麻、无从下

手的感觉……

如今，蕴藏在信用卡中的市场潜力和盈利空间，令各家银行想方设法争取更多的市场份额，想出各种新奇的方式吸引消费者办卡，不仅免年费，还有优厚的积分送礼活动。这对现代人来说，一人有个三四张信用卡根本不算什么。但信用卡太多，像佳琳面临的这些问题便随之而来：刷卡的时候人往往容易失去理性控制，几张账单加起来总的还款额就是一笔不小的数目。此外，不同的信用卡还款日不相同，有人工作一忙难免出现疏忽，发生延迟还款现象而遭受罚息。

其实，对大多数人来说，有一到两张信用卡就足够用了，对于已经申请多张信用卡的人来说，应选择还款方便、服务质量好、功能适合自己的一张或两张卡使用就可以了，即使附加在卡上的功能诱人，如果自己确实利用不上，也要忍痛割爱。

至于留用哪些信用卡，则应该根据自己的需要而定：比如经常出差的人，不妨申请有酒店打折、里程积分的信用卡，再配合一张购物消费打折的信用卡。没有时间经常去银行的人可以考虑有理财功能的信用卡再配合其他功能的信用卡，等等。这样既能制约消费，又能避免"搞不清每一张卡的免息还款期，所以逾期罚款总是难免"的情况发生。即使信用卡被盗，

第一章 精打细算，储蓄理财

损失也不至于太过惨重。

3. 控制消费冲动

在一家私企工作的肖云月月都不知不觉地将工资花了个一干二净。她认为，应该趁年轻穿好的吃好的，于是就疯狂地爱上了逛街。原来将一个月的工资花光也就算了，可自打她办了一张信用卡之后，因为花着明天才需要还的钱，她简直就是"如鱼得水"。心情好时就疯狂购物，享受生活；心情不好时，也拿逛街购物来安慰自己。两三个月的时间已经刷卡消费了2万多元。尽管负债累累，肖云仍然乐此不疲。

《购物狂》里的女主角就是这样的疯狂购物者，身揣20多张信用卡四处血拼，直到所有卡都刷爆，只有宣布破产，守着买来的东西无计可施。

其实，这是"提前消费"理念产生的副作用，无法仅仅从技术角度予以解决，关键在于如何控制自己的消费冲动，形成健康的消费心态。建议每次购物前先做一份购物清单，一旦看到让自己产生消费欲望的商品，就拿出清单看一看，如果不是必需，还是能省则省吧！

另外，由于刷卡购物时少了数现金、付现金这一直接和现

金打交道的环节，也少了花钱心疼的心理感受，超支购物或者信用卡大笔透支也就在所难免。所以，在购物时最好用现金来付账，在真正需要的时候才动用信用卡。看到1000元很快就变成了500元，500元又不知不觉变成了100元，你也许会觉得心疼不已，这样便不会再乱花钱了。

4. 算准免息期

阿华最近办了一张信用卡，办卡时银行工作人员介绍说可以有50天的最长免息期，这对于月收入5000挂零、肩负房车二贷的她来说，无异于一句天堂的福音，刚拿到新卡她就兴冲冲地刷卡买了一些化妆品和衣服，对于还款她一点也不操心。但是几个月下来，她发现还款的时候总是会有几笔超期的消费，让她不得不付给银行利息。事后她发现自己每一笔消费都是在距还款日50天以内进行的，为什么就不是免息的呢？阿华对此疑惑不解。

阿华的问题就出在没有弄清最长免息期的概念，没有选择合适的日子进行消费。目前各家银行推出的信用卡都有最短25天，最长50天或56天的免息还款期，但实际上最长免息期并不一定就是实际免息期，免息期的实际天数取决于你实际发生消

第一章　精打细算，储蓄理财

费行为的日期与银行结单的日期。

以某银行信用卡为例，如果对账单日期是每月20日，缴款日则为次月5日，另外，还有四天宽限期，因此9日为最后还款期限。如果持卡人有一笔消费是在当月20日入账，那么缴款日是次月5日，再加上四天的宽限期，那最短也有20天的免息还款期；如果持卡人有一笔消费是在当月21日入账，那么这笔消费会在次月20日对账单上体现出来，则还款日为再次月5日，再加上四天宽限期，免息期最长可达50天。

由此可见，持卡人学会计算信用卡的免息期就可以用足银行提供的免息贷款待遇，也避免由于对免息期和还款日的不清楚而错过了还款日，承担了额外的欠款利息。

另外，现在很多银行都开通了自动还款功能和短信通知功能，你不妨一试，这样只要在办卡同时选择连接账户，而且选择全额还款方式，并保证在扣款时该账户上的资金足够，就能高枕无忧地享受免息待遇了。

别步入信用卡使用误区

"向明天的自己借钱,过今天名人的生活",如今,利用信用卡享受这种生活方式的人们越来越多,信用卡也日益成了人们钱包中必备的"武器"。可由于一些人对信用卡的使用规则不熟悉,在使用中存在很多误区,结果不仅带来了麻烦,也导致了不必要的损失。因此,人们在使用信用卡的过程中,还必须注意避免踏入以下误区:

1. 免年费又送礼,不办白不办

家住北京宣武区的陈女士收到信用卡发卡银行的月结单,告知已在卡内扣款100元,作为当年的年费,由于卡内没有余

第一章 精打细算，储蓄理财

额，这笔款项被算作透支消费，一旦超过40日免息期，就会按18%的年利率，开始"利滚利"计息。

陈女士这才想起，前年年初，她冲着"免首年年费、开卡抽奖"的促销活动，办理过一张贷记信用卡，仅用了几次就束之高阁。打电话到银行询问，工作人员答复，信用卡到期前，银行曾寄出换卡通知书，陈女士没有寄回不换卡回执单，被视为自动续约，如今已超过最后期限，她只能选择再付一年年费。

银行为了开发更多的客户，往往通过使用各种方式来吸引客户办卡，比如信用卡年费打折、刷卡送年费，甚至干脆免年费，还有办卡送礼等促销活动，从迪斯尼玩具到SWATCH手表，甚至是AUSSINO的四件套……这不免让人心动，有人一办就是好几张。这些人大多抱有这样的想法：既然免年费，而我又不打算用这些卡去刷卡消费，根本就不会产生利息方面的问题，办一张可以拿一个礼品，不办白不办。

殊不知，免年费并非年年免，一般只是免一年，而一旦你办了卡并拿了礼物，半年内是不能销卡的，稍加忽略就很容易跨越两个收费年度。而且免年费大都是建立在一年内消费刷卡满一定次数的基础上的，信用卡一旦激活即使从来没用过，也

要收取年费。如果持卡人到期没有缴纳年费,银行将会在持卡人账户内自动扣款,如果卡内没有余额,就算作透支消费。免息期一过,这笔钱就会按年利率"利滚利"计息。因此,千万不要受那些免费馈赠的小礼物的诱惑办一些自己不需要的卡,否则那一张张卡的年费催缴单会让你追悔莫及。

2.信用额度越高越好

白领夏雨是位十足的现代女性,拥有良好的教育背景和高收入的工作,在消费方面也毫不示弱,本着"能花才能挣"的精神,她可以算是商场的最佳顾客了。后来,在某银行开展办卡优惠活动时,夏雨又为自己办理了一张信用卡,这下子,她干脆把每月身边所有的钱都放进卡里,身边不留现金,凡是购买东西的时候,都使用刷卡消费。

最初银行授予夏雨的透支额度为2万元,后来,在她的连续申请下,银行很畅快地陆续三次将她的透支额度提升到5万元,而且还批准了一个很高的临时透支额度。透支额度的快速提升,大大刺激了夏雨的消费热情,在三个月的时间内,她近乎疯狂地进行透支消费,透支消费额度累计高达20余万元,因而也付出了2000多元的透支利息。

第一章　精打细算，储蓄理财

尽管银行会根据持卡人提供的资产情况、收入水平等给予他们一定的信用额度（透支金额），即持卡人只能在这一额度内透支消费。但是事实上，有的银行为了使自己发行的信用卡占领更多的市场份额，同时也是为了获取更多的透支利息，在核准的信用额度之外，还会给予持卡人一定比例的上浮信用额度。而有些人为了满足自己过高的消费需求，总希望信用卡的透支额度能够高点，再高点。

其实，信用卡信用额度并非越高越好，信用额度首先要考虑个人的还款能力，同时还要考虑到持卡的安全性。如果你的信用额度很高，信用卡又被别人盗用，那么损失也是很大的。所以，在办信用卡时，最好不要申请过高的信用额度。尤其是当你能够轻而易举地获得较高的透支额度时，你更要千万小心，切莫跌入疯狂透支消费的陷阱之中。

3.偿还了最低还款额就不会吃罚息

岁末年初是刷卡消费的高峰期，元旦、春节前后，白冰一直忙于商场的"血拼"中，收到信用卡账单后她才意识到这个月要偿还银行的欠款接近5000元，这可是一笔不小的支出。愁眉不展的时候，白冰看到了账单上本期应还总额4800元的下方，还列示着本期最低还款额为480元。这是不是说，按照最低还款额的标准还款后，其余的欠款仍然可以继续享受免息期的待遇，白冰可以到下个还款日再偿还，且也不会产生任何费用？

答案是否定的。信用卡有两种还款方式：全额还款和最低还款额还款。通常持卡人都适合选择全额还款，这是指持卡人在规定的到期还款日前还清账单上列示的全部应还款额。选择全额还款时，消费款项可享受20～50天的免息待遇。对于一些有特殊需要的持卡人也可选择最低还款额方式，这是指银行规定持卡人应偿还的最低金额，只要你在到期日前偿还最低还款额或以上金额即可享有循环信用。但要注意的是，选择此种方式的持卡人不再享受免息期，须据实计收利息。因此，信用卡持卡人在偿还信用卡的欠款时，千万不能为"最低还款额"所误导，而需牢记"全额还款才可享受免息待遇"，理性地控制自己的财务支出，以免身陷信用卡的高息陷阱。

4.信用卡=储蓄卡

何女士在某银行办了一张信用卡，并在卡里存入1万元。虽然她知道信用卡可以先消费后还款，可是她觉得欠着银行的钱心里总觉得不踏实，自己又不是缺那么点钱。更何况，每次到银行存款很麻烦，倒不如先把钱存在银行卡上用起来省心，

第一章 精打细算，储蓄理财

于是在拿到信用卡的第二天，她便到银行网点往卡里存入了1万元。

何女士急需用钱，便用自己的信用卡在ATM机上取了2000元。可是月末何女士收到信用卡的账单时却发现账单上有一项"溢缴款手续费"，按照取款额的5‰来收取共计10元。何女士十分纳闷："我又不是透支，也没跨行取款，怎么会收手续费呢？"

储蓄卡在我国使用的时间比较长，人们也比较熟悉它的使用。而相比之下，信用卡则是这两年热起来的新兴事物。因此，很多人在使用信用卡的时候，就想当然地把储蓄卡的功能嫁接到了信用卡上。

事实上，信用卡并不等于储蓄卡。银行卡一般分为借记卡和贷记卡：借记卡，是账户里必须先存入钱然后就可消费的卡，也就是我们熟知的储蓄卡；而贷记卡则是既可以先存入钱，也可以先消费然后再把钱放入卡里（还银行）的卡，这种先消费后付钱的银行卡才是真正的信用卡。

如果把信用卡当作储蓄卡来存取款用，不仅信用卡里的存款没有任何利息，而对于多数信用卡，当你用来取款时，还要缴纳"溢缴款手续费"，跨行交易时费用将会更高。要是你不

知道这一规定,将5万元闲钱存入信用卡,然后分次支取,结果就这一存一取就得花去几百元的冤枉钱。另外,如果是透支取款,还会产生利息费用。有些女性以为透支取现也有免息期,但是事实上免息期只针对刷卡消费,如果持卡人用信用卡透支取现,不仅要支付1%~3%的取现手续费,从取现当日起还要支付每天万分之五的利息费用。因此,女性万不可将信用卡当成储蓄卡,否则将要付出高昂的代价。

第二章

把握机会，投资理财

第二章 把握机会,投资理财

买债券,要因时因地因人而宜

一般地,债券投资都能给投资者带来一定的收益。然而,选择不同的债券品种,其投资收益水平会相差很大,这就需要投资者根据个人能够支配的资金数量、自身的风险承受能力以及投资目标来选择合适的债券品种,即做到因人而异,因资而异,才能避免投资的盲目性,从而获得最大的投资收益。

首先,在不同种类的债券之间选择。

我国目前发行的债券主要有国债、金融债券、企业债券和可转换公司债券四种,投资者首先需要在这些不同种类的债券之间选择。

1.国债

国债是专指中央政府根据信用原则,以承担还本付息责任为前提而筹措资金的债务凭证。与其他类型债券相比较,国债风险小、流动性强,被誉为"金边债券"。

目前市面上发行和流通的国债主要有凭证式国债、记账式国债以及无记名国债三种。女性在投资国债时,应根据自身需求和资金状况来计划安排。

如果你有短期的闲置资金,可购买记账式国债(就近去证券公司营业部,开立国债专用账户)或无记名国债。因为记账式国债和无记名国债均为可上市流通的券种,其交易价格随行就市,在持有期间可随时通过交易场所变现。有3年以上或更长时间的闲置资金,可购买中、长期国债。

如果你想采取最稳妥的保值手段,可购买凭证式国债,在购买时将自己的身份证件在发售柜台备案后,你便可高枕无忧了。凭证式国债可以记名挂失,其形式如同银行的储蓄存款,但利率却比银行同期储蓄存款略高,而且可以随时按一定条件兑现,如果发生丢失,只要及时到经办柜台办理挂失手续,便可完璧归赵了。

如果你能经常、方便地看到证交所国债市场行情,则不妨

第二章 把握机会,投资理财

购买记账式国债或无记名国债,你可主动地参与债市交易,搏取债券买卖差价收益。

2.金融债券

金融债券是银行等金融机构作为筹资主体以筹措资金为目的而面向个人发行的一种有价证券,是表明债务、债权关系的一种凭证。在英、美等欧美国家,金融机构发行的债券归类于公司债券。在我国及日本等国家,金融机构发行的债券称为金融债券。

金融债券的资信通常高于其他非金融机构债券,违约风险相对较小,具有较高的安全性,利率通常低于一般的企业债券,但高于风险更小的国债和银行储蓄存款利率。金融债券的这种特点,使它成为大多数理财者的首选。

3.企业债券

企业债券通常又称为公司债券,是企业依照法定程序发行、约定在一定期限内还本付息的债券。企业债券与股票一样,同属有价证券,可以自由转让。

企业债券在某些方面和国债与金融债券有区别,由于它的发行者是企业,而企业在资信等方面显然不如政府和金融机构,所以企业债券的风险要比国债和金融债券高。作为补偿,

企业债券的利率一般高于国债和金融债券,否则对投资者就缺乏吸引力。只是企业债券的利息收入要缴纳20%的个人收入调节税,这基本上也符合国际惯例。

因此,你在购买企业债券时,要仔细地盘算一下,高于其他债券的利息与应缴纳的个人调节税是否相抵,如果在扣除20%的个人收入调节税后,利息收入比购买同期的国债或金融债券收入的利息低,就不要再买入风险比国债和金融债券大的企业债券了。

如果在扣除20%的个人收入调节税后仍比购买国债和金融债券高,那么购买企业债券还是合算的。不过,选购这类债券时,你还是要谨慎地了解一下发行债券企业的经济状况及经营前景,担保单位是否可靠,千万别一看利率高就盲目投资。同时,也不应当把手中的资金全部投资于企业债券,而应当充分考虑企业债券和其他债券的关系,优化组合,既减少风险又增加收益。

4.可转换公司债券

可转换公司债券是指在发行时标明发行价格、利率、偿还或转换期限,持有人有权到期赎回或按规定的期限和价格将其转换为普通股票的债务性证券。它是上世纪70年代后期诞生于

第二章 把握机会，投资理财

西方证券市场上的一种衍生工具，是一种介于股票与债券之间的混合型金融工具。

对投资者来说，可转换公司债券提供了一般债券所能提供的稳定利息收入和还本保证，同时也提供了股本增值带来收益的可能，称得上是一种进可攻、退可守的投资工具，吸引了那些既想得到稳定收益又不希望错过股票升值的潜在收益的投资者。

其次，准确计算债券投资收益，并以此作为购买决策的依据。

在购买债券前，不管他人出于什么动机抛售债券，投资者都必须认真地核算一下收益，如果你核算的收益比其他投资的收益高，且不会有很大的风险，你就可以买入这种债券。

为了精确衡量债券收益，一般使用债券收益率这个指标。债券收益率是债券收益与其投入成本的比率，通常用年率表示，其计算公式为：

债券收益率＝（到期本息和－发行价格）÷（发行价格×偿还期限）×100%

如果债券持有人在债券偿还期内转让债券，这就涉及债券出售者收益率、债券购买者的收益率和债券持有期间的收益率。我们可以用一个例子来说明：

如果B小姐于2002年1月1日以1020元的价格从A小姐那里购

买了一张面值为1000元、利率为10%、每年1月1日支付利息的2000年发行的5年期国债,并持有到2004年1月1日以1100元的价格卖给了C小姐,到期后,C小姐卖出了债券。那么这3个人在持有债券期间的收益率就可以根据以下几个公式计算出来。

债券出售者的收益率=(卖出价格-发行价格+持有期间的利息)÷(发行价格×持有期限)×100%

A小姐的收益率=(1021-1000+1000×10%×2)÷(1000×2)×100%=11%

债券购买者的收益率=(到期本息和-买入价格)÷(买入价格×持有期限)×100%

B小姐的收益率=(1500-1100)÷(1100×1)×100%=36.4%

债券持有期间的收益率=(卖出价格-买入价格+持有期间的利息)/(买入价格×持有期限)×100%

C小姐的收益率=(1100-1020+1000×10%×2)÷(1020×2)×100%=13.7%

现在,了解了债券的收益率,你就可以根据个人的实际需要购买债券了,因为你可以灵活地转让,并且可以很容易地算出什么时候转让最划算。

第二章 把握机会，投资理财

需要注意的是，债券收益不同于债券利息。债券利息仅指债券票面利率与债券面值的乘积。但由于人们在债券持有期内，还可以在债券市场进行买卖以赚取差价，因此，债券收益除利息收入外，还包括买卖盈亏差价。

投资债券,要合理计划

债券是政府、金融机构、工商企业等机构直接向社会借债筹措资金时,向投资者发行,并且承诺按规定利率支付利息和按约定条件偿还本金的债权债务凭证。债券的本质是债的证明书,具有法律效力,也具有偿还性强、安全性大、收益性高等特点。正因为如此,一直以来,在人们的个人资产组合篮中,债券都占有一定的比例,尤其是很多女性都将债券作为投资理财时的首选。假如你也已决定投资于债券,我们提供以下建议,供你在投资债券时参考:

第一,全面确定债券投资成本。

第二章 把握机会,投资理财

确定债券的投资成本也需要投资者在进行投资之前开展,这样才能保证在各种情况发生时,都有充裕的空间来调度,不致捉襟见肘。债券的投资成本大致有购买成本、交易成本和税收成本三部分。

1.购买成本

债券不是免费的,投资者要获得债券还须等价交换,它的购买成本在数量上就等于债券的本金,即购买债券的数量与债券发行价格的乘积,若是中途的转让交易就乘以转让价格。对附息债券来说,它的发行价格是发行人根据预期收益率出来的,即购买价格=票面金额的现值+利息的现值。对贴息债券,其购买成本的计算公式为:

购买价格=票面金额×(1-年贴现率)。

2.交易成本

债券在发行一段时间后就进入二级市场进行流通转让,如在交易所进行交易,还得交付自己的经纪人一笔佣金,不过,投资人通过证券商认购交易所挂牌分销的国债可以免收佣金,其他情况下的佣金收费标准是:每一手债券(10股为一手)在价格每升降0.01元时收取的佣金起价为5元,最高不超过成交金额的2‰。经纪人在为投资人办理一些具体的手续时,又会收取成

交手续费、签证手续费和过户手续费。

3.税收成本

在投资债券时,除了要考虑购买成本和交易成本外,还需要考虑的是税收成本,虽然政府债券和金融债券是免税的,债券交易也免去了股票交易需要缴纳的印花税,但在投资公司债券时要缴纳占投资收益额20%的个人收益调节税,这笔税款是由证券交易所在每笔交易最终完成后替投资者清算资金账户时扣除的。

第二,把握合适的债券投资时机。

把握合适的债券投资时机是指投资者在进行投资时,应对国民经济的发展趋势有所了解和预见,做到顺时而动。如果经济处于上升阶段,储蓄利率趋于上调,那么这时投资债券就要慎重,尤其是在债券利率处于历史低点时,就更要慎重。如果此时选择的是长期获利投资,到期后反而可能低于同期的储蓄收益。因为债券利率一经发行就是固定的,而储蓄利率则随着经济形势的变化而变化。

反之,如果经济走向低潮,利率趋于下调,部分存款便会流入债券市场,债券价格就会呈上升趋势,这时进行债券投资可获得较高的收益,尤其是在债券利率处于历史高点时,收益

更为可观。若投资者投资于短期债券,将会错过更多收益的好机会。

在选择债券期限时,不仅要考虑到未来市场利率水平的变化,而且对通货膨胀率也要做出合理的预测。正确的投资选择应当是:在预期未来市场利率下跌时,要投资长期债券;为防止利率变动风险,可投资于浮动利率债券;为防止通货膨胀,可投资于短期债券或保值债券,或转向投资于股票。

第三,运用各种有效的投资方法。

债券的投资方法很多,较典型的有梯形投资法、三角投资法和杠铃式投资法。

1.梯形投资法

所谓梯形投资法,又称等期投资法。就是每隔一段时间,在债券发行市场认购一批相同期限的债券,这样,投资者在以后的每段时间都可以稳定地获得一笔本息收入,因而不至于产生很大的流动性问题。此外,这种投资方法每年只进行一次交易,因而交易成本比较低。

丁薇在2006年6月购买了2006年发行的3年期的债券,在2007年3月购买了2007年发行的3年期的债券,在2008年4月购买2008年发行的3年期债券。

这样，在2009年7月，丁薇就可以收到2006年发行的3年期债券的本息和，此时，她又可以购买2009年发行的3年期国债，这样，她所持有的3种债券的到期期限又分别为1年、2年和3年。如此滚动下去，丁薇就可以每年得到投资本息和，从而既能够进行再投资，又可以满足流动性需要。

2.三角投资法

所谓三角投资法，就是利用债券投资期限不同所获本息和也就不同的原理，使得在连续时段内进行的投资具有相同的到期时间，从而保证在到期时收到预定的本息和。这种投资方法的优点是既能获得较固定收益，又能保证到期得到预期的资金以用于特定的目的。

莲娜和老公决定在2000年进行一次国际旅游，因此，她决定投资国债以便能够确保所需资金。这样，她在2008年购买2008年发行的五年期债券，在2010年购买2010年发行的三年期债券，在2011年购买2011年发行的五年期债券。这些债券在到期时都能收到预定的本息和，并且都在2013年到期，从而能保证有足够资金来实现自己的梦。

3.杠铃式投资法

杠铃式投资法是指投资者放弃或很少投资中期债券而持有

短期债券和长期债券的投资组合策略。由于投资者将资金大部分投在短期债券和长期债券这两头，呈现出一种杠铃式两头沉的组合形态，故称之为杠铃式投资法。

长期债券流动性差，但收益率高；短期债券收益率低，但流动性好。杠铃式投资正是把长期债券和短期债券有机地结合起来，在一定程度上克服了两者各自的不足，发挥了各自的优势。

应当说明的是，杠铃式投资的两端并不要求绝对均衡，投资者也可以根据市场利率水平的变化而变更长期债券和短期债券的持有比例。当市场利率水平上升时，可提高长期债券的持有比例；当市场利率水平下降时，可降低长期债券的持有比例。

此外，投资者也可根据自己对资金流动性的要求确定长、短期债券的持有比例。对流动性的要求高，可提高短期债券的持有比例；反之，则降低短期债券的持有比例。

那么，以上三种投资方法哪一种最好呢？其实，以上三种投资方法都是可行的，关键在于投资者对市场走势的了解程度，以及贯彻始终的投资策略。

投资债券,勿忘风险

投资债券的风险很小,但这并不意味着投资债券就没有风险,因为债券的市场价格以及实际收益率受许多因素影响,这些因素的变化,都有可能使投资者的实际利益发生变化,从而使投资行为产生各种风险。

面对着债券投资过程中可能会遇到的各种风险,投资者应认真加以对待,运用各种技巧和手段去了解风险,规避风险,才能减少风险损失,获取最大收益。

一般而言,人们在投资债券的过程中可能会遇到以下几种投资风险:

第二章 把握机会，投资理财

1.利率风险

利率风险是指因利率的变动导致债券价格与收益率发生变动的风险。债券是一种法定的契约，其票面利率大多是固定不变的（浮动利率债券与保值债券例外），当市场利率上升时，债券价格下跌，使债券持有者的资本遭受损失。因此，投资者购买的债券离到期日越长，则利率变动的可能性越大，其利率风险也相对越大。

利率风险规避方法：对于利率风险，最好的规避方法就是分散债券的期限，长短期配合。如果利率上升，短期投资可以迅速地得到高收益投资机会，若利率下降，长期债券则能保持高收益。如果投资的债券，其到期日都集中在某一个定期或一段时间内，则很有可能因同期债券价格的连锁反应而使得自己的收益受损。

假定投资者拥有10万元资金，她分别用2万元去购买1年期、2年期、3年期、4年期和5年期的各种债券，这样，他每年都有2万元债券到期，资金收回后再购买5年期债券，循环往复。这种方法简便易行、操作方便，不仅能有效地规避利率风险，也能使投资者有计划地使用、调度资金。

2.购买力风险

购买力风险是债券投资中最常出现的一种风险。债券是一种金钱资产,因为债券发行机构承诺在到期时付给债券持有人的是金钱,而非其他有形资产。换句话说,债券发行者在协议中承诺付给债券持有人的利息或本金的偿还,都是事先议定的固定金额,此金额不会因通货膨胀而有所增加。由于通货膨胀的发生,债券持有人从投资债券中所收到的金钱的实际购买力越来越低,甚至有可能低于原来投资金额的购买力。这种投资者在债券投资中所遭受的购买力损失,就是债券投资的购买力风险。

购买力风险规避方法:针对购买力风险,应采取的防范措施是分散投资,使购买力下降带来的风险能与某些收益较高的投资收益进行弥补。通常采用的方法是将一部分资金投资于收益较高的投资品种上,如股票、期货等,但带来的风险也随之增加。

3.信用风险

信用风险主要发生在企业债券的投资中。发行债券的企业由于各种原因,不能完全履约按时支付债券利息或偿还本金,如此债券投资者就会承受较大的亏损,从而遭受了信用风险。

信用风险规避方法：信用风险一般是由于发行债券的企业经营状况不佳或信誉不高带来的风险。所以，在投资前，一定要对发行债券的企业进行调查，通过对其各种财务报表进行分析，了解其盈利能力和偿债能力等，尽量避免购买经营状况不佳或信誉不好的企业债券。在持有债券期间，应尽可能对企业的经营状况进行了解，以便及时做出卖出债券的抉择。

4.转让风险

转让风险是指投资者在短期内无法以合理的价格卖掉债券的风险。换言之，当投资者急于将手中的债券转让出去，但短期内找不到愿意出合理价格的买主，为此，投资者不得不把价格降得很低，或是要很长时间才能找到买主，那么，投资者将不是遭受降低价格的损失，就是丧失新的投资机会，这样就产生了转让风险。

转让风险规避方法：一是尽量选择交易活跃的债券，如国债等，便于得到其他人的认同，冷门债券最好不要购买；二是在投资债券时，应准备一定的现金以备不时之需，而不要把全部资金一下子都投进去，毕竟债券的中途转让不会给债券持有者带来好的回报。

5.再投资风险

在购买债券时，只购买了短期债券，而没有购买长期债券，将会有再投资风险。例如，长期债券利率为10%，短期债券利率8%，为减少风险而购买短期债券。但在短期债券到期收回现金时，如果利率降低到6%，就不容易找到高于6%的投资机会，从而产生再投资风险。与其这样，还不如当初投资于长期债券，仍可以获得14%的收益。归根到底，再投资风险还是一个利率风险问题。

再投资风险规避方法：对于再投资风险，应采取的防范措施也是分散债券的期限，长短期配合，如果利率上升，短期投资可迅速找到高收益投资机会，若利率下降，长期债券却能保持高收益。也就是说，要分散投资，以此来分散风险，并使一些风险能够相互抵消。

6.回收风险

对于有回收性条款的债券，常常有强制收回的可能，而这种可能又常常是市场利率下降、投资者按债券票面的名义利率收取实际增额利息的时候，而发行公司提前收回债券，投资者的预期收益就会遭受损失，从而产生了回收性风险。

回收性风险规避方法：为避免债券的回收风险，投资者可购买那些不回收的债券，也可购买售价低于面额许多的债券。

这种债券利率极低,公司不太可能将它收回,但它的到期收益与利率高的债券一样好,它的收益主要由差价收益组成,许多老练的投资者常采用这种办法。

7.可转换风险

若投资者购买的是可转换债券,当其转成了股票后,股息又不是固定的,股价的变动与债券相比,即具有频繁性又具有不可预测性,投资者的投资收益在经过这种转换后,其产生损失的可能性将会增大一些,可转换风险因此产生。

可转换风险规避方法:当投资者在购买债券时,应尽可能选择多样化的债券投资方式。也就是说,应将自己的资金分别投资于不同种类的债券,如国债、金融债券、公司债券等。如把全部资金用来投资于可转换债券,收益可能会很高,但缺乏安全性,也很可能会遇到经营风险和违约风险,最终连同高收益的承诺也可能变为一场空。投资种类分散化的做法可以达到分散风险、稳定收益的目的。

购买保险,牢记要诀

按贾宝玉的说法,女人是水做成的,而男人则是泥巴。虽然说这只是公子哥儿说的"疯"话,却也有些歪理。比起男人,女人确实更加脆弱,更需要被特别爱护。不过,对广大自立自强的现代女性来说,怜香惜玉早已不是公子哥儿的专利,也许学会了自己爱护自己来得更加实在一些。所以,越来越多懂得爱护自己的女性开始喜欢把钱花费在保险支出上,让保险做未来生活的"保障器"。

事实上,保险不仅具有保障功能,而且具有一定的投资价值。就是说,如果投保人在保险期间出现了保险事故,保险公

第二章　把握机会，投资理财

司会履约给付保险金；如果投保人在保险期间没有发生保险事故，那么在到达给付期时，投保人所得到的保险金不仅会超过投保人过去所交的保险费，而且还有本金以外的其他收益。由此可以看出，保险既是一种保障，又兼有投资收益。

不过，作为人生的一个长远规划，作为生活中的一个投资渠道，女性在购买保险时，还应慎重地把握好以下几个原则：

原则一：选择实力强的保险公司

购买保险前，勤跑多问，寻找实力雄厚、服务优质的保险公司，可减少日后麻烦，保障自己的合法权益。一般来说，选择保险公司要考虑三方面因素：

1.公司实力

保险公司是否有实力直接关系到投保人能否得到赔偿或给付的问题，试想，如果一家保险公司实力不强，等保险合约到期时，这家公司都已经破产了，投保人的权益何以保证？所以，投保人应选择信誉好、实力强的保险公司。对保险公司实力的评价可参考公司的资产总值，同时，还要考虑公司的总保费收入、营业网络、保单数量、员工人数和过去的业绩等。

2.产品种类

一家好的保险公司提供的保险产品应具备这样几个条件：

一是产品种类齐全；二是产品灵活性高，如在保险期限、缴费方式、优惠条款等方面，可为投保人提供更大的便利条件；三是竞争力强，体现在产品能提供的服务方面。

3.服务质量

投保人在选择保险公司时，要从两个方面了解其服务质量：一是从其代理人获得的服务；二是从公司本部获得的服务。前者的服务质量，可以推断保险公司对代理人的培训力度与管理水平；后者对于投保人来说更为重要，尤其是购买寿险时，一旦与保险公司订立保险合同，就会长期与该公司打交道。保险公司在服务方面的任何一点不足，都可能影响投保人几十年。

原则二：选择合格的代理人

保险是非常抽象的产品，女性面对纷繁的产品和条款很难做出正确的选择，只有选择一个合格的保险代理人才能引导你购买合适的产品。

一个合格的保险代理人应持有保险代理人资格证书和保险代理人执业证书，而且只能正式受聘于一家保险公司，并在《保险法》和保险公司规定下开展业务。

代理人还应具有很强的专业知识，对所有保险条款以及

第二章　把握机会，投资理财

相关法规理解透彻，能主动根据不同层次客户的经济能力、家庭现状特点、成员风险分担和保险需求等综合因素，为客户量身定制保险方案。同时，能处理好保险保障、银行储蓄和投资（金融证券投资和实业投资）之间的关系和比例，并在索赔时为客户提供专业意见。

除了应具备较强的专业知识，代理人还应具备良好的服务意识。如果代理人急功近利，毫无耐心，不注重细节，不愿意倾听客户的意见，那么他的服务意识是值得怀疑的。

原则三：根据自身需求选择险种

随着保险公司竞争的加剧，国内的保险产品越来越丰富。面对形形色色的保险产品，你知道该如何去选择吗？

其实，保险本身并没有好坏之分，关键在于应根据自己的需求进行选择：如果你是为了防止意外或疾病身故时家人衣食无着，可以选择意外和人寿保险；如果是为减轻疾病时家庭的负担，则选择重大疾病和医疗保险；如果是为退休后准备一笔养老金，年金类产品不失为一种较好的选择；若是筹备子女的教育经费，则以选择教育金等储蓄性的产品为宜。

此外，在单身期、家庭形成期、家庭成长期、子女大学教育期以及家庭成熟期和退休期等人生不同阶段对保险的选择也

是大不相同的。

比如，尚未买过保险的单身女性，在投保时应先考虑带有医疗、意外、身故保障的寿险类产品，再考虑养老及投资分红类险种，保费一般不要超过个人年收入的10%。

当踏上工作岗位，并有了家庭和孩子之后，女性们可适当地在自己的保单主险中附加上孩子的教育金及日后的养老金等保障，全年年缴保费占家庭年收入10%左右。

当步入老年期后，保险的选择应较具弹性，要从退休后的生活费、身后遗产的分配、避税等几方面来考虑，做出安排。遗产避税可以选择两种保险：一种是养老保险，另一种是万能寿险。只要将受益人的名字写成子女，身故后所有的保险金都将属于受益人。

原则四：务必读懂保险合同

为了说服客户购买保险，一些保险代理人往往夸大保险责任，而对保险除外的责任避而不谈。有些女性在保险代理人的大力推荐下购买了保险，可一旦发生事故后，由于不符合保险条款，而得不到理赔。

其实，保险不是无所不保，没根据的承诺或解释是没有任何法律效力的。所以，女性在购买保险时，不要光听介绍，而

第二章 把握机会，投资理财

应该先研究条款中的保险责任和责任免除这两部分，以明确这些保单能提供什么样的保障，再和自己的保险需求相对照，以严防个别保险代理人的误导。

当然，一些保险条款过于专业，女性在购买保险时有可能一时弄不明白，可以向一些懂行的人士咨询，以求指导帮助。

原则五：认真填写保险单

保险单必须由投保人亲自填写并亲自签章，不要随意由他人代签，以免今后生出麻烦。在填写保险单过程中，如果投保人因疏忽而填错某些项目，如财产的坐落地点（街道、门牌）、汽车的牌号以及被保险人的性别、年龄等，也会在赔款时造成麻烦。因此，投保人需认真填写保险单，以免给自己造成损失或引来不必要的麻烦。

另外，保险公司在承保之前，会要求投保人在保险单上书面告知有关重要事项，投保人应遵守如实告知义务。如果投保人故意或因过失隐瞒，保险公司将不负赔偿责任，且有权解除合同。如果属故意隐瞒，保险公司还有权不退保费。

原则六：按时缴费不要忘

买了保险并不是一劳永逸，还要注意按时缴纳保险费，以保证保单的持续有效。

保费缴纳主要有两种方式,即一次交清全部保费的趸交方式和按年、半年、季、月缴纳的期交方式。从根本上说,并不存在哪一种缴纳方式更优惠的问题,而要看哪一种方式对你更合适。

例如,对于现在收入比较丰厚,但收入不够稳定的女性来说,采取趸交是比较稳妥的方法;对于收入稳定的女性来说,如果采用期交方式,并延长缴费期间,可以使缴费更加轻松,也可获得更大的保障。

不过,在投保重大疾病保险等健康险时,应尽量选择缴费期长的期交方式。一是因为每次缴费较少,不会给自己带来太大的负担,加之利息等因素,实际成本不一定高于一次缴清的付费方式;二是因为不少保险公司规定,若重大疾病保险金的给付发生在缴费期内,从给付之日起,免缴以后各期保险费,保险合同继续有效。这就是说,如果被保险人缴费第二年身染重疾,选择10年缴,实际保费只付了1/5;若是20年缴,就只支付了1/10的保费。

另外,在付款方式上,保险公司也提供了多种途径供投保人选择,主要有:①保险公司派人上门收费;②投保人自己到保险公司缴纳;③委托银行自动转账。为图方便,一般女性大都选

择第三种付款方式。不过,如选择这种付款方式,在保单扣款期间,银行账户上应留足资金。因为保费逾宽限期仍未交,保单的合同效力即中止,即使申请保单复效也是有期限的。如果你手里的老保单因未交款而失效,是非常可惜的。

原则七:尽量避免退保

现在很多人购买保险时,由于考虑不周,过后遇到特殊情况,便不顾后果地进行退保,其实这样做将会给自己带来很大损失。

对于投保人来说,在购买保险后,都会支付一笔费用,这相当于投保人为获得后期的服务而已经提前支付了保费。如果投保人提前退保,相当于自己虽然已经花了不少的钱,但是却没有得到买保险带来的足够的好处。

再加上提前退保,保险公司不会全额退还保费,而要扣除一定费用。以一款附加重大疾病提前给付的终身寿险为例,第一年保单现金价值仅为保费的10%左右,此时若要退保,会损失近90%的本金。因此,建议女性在投保前深思熟虑,尽量避免退保。

保单也需"体检"

相信很多人都有这样的经历:在购买保险时还相当谨慎,不但对保险合同很关注,而且会很注意与代理人之间的沟通。但是几年下来,大多数人可能就会把自己的保单束之高阁,除了每年到期缴费外,对保单几乎从不过问,这样就容易忽略有关保单的方方面面,造成不必要的损失。

三年前,韩女士在保险代理人的介绍下,投保了1年期的家财保险。拿到保单后,韩女士便顺手塞进了柜子最底层的抽屉里。一年后,韩女士由于个人工作比较忙,忘了再续保,实际上等于终止了保险合同。没想到,今年的春夏之交,韩女士

第二章 把握机会，投资理财

家中不慎失火，损失不小。正在这时，韩女士忽然想起投过保险，就到保险公司登门索赔，声称肯定入了保险，但保险单已找不到。保险公司一听不敢怠慢，组织人力从电脑底档中查了个遍，才知韩女士家早已终止保险合同，与保险没有任何关系，当然谈不上赔付。由于自己的疏忽没有续签保单，使今日的损失无处赔付，这让韩女士好生后悔，于是她又重新投保，亡羊补牢。

其实，在现实生活中，与韩女士有相似遭遇的女性不在少数，这些女性在购买了保险后，常常是不到发生保险事故的时候，就不会想到自己的保单，有些人甚至连家人的保单放在哪里都不知道。

殊不知，许多保险纠纷均属于因为疏忽而导致的保险权益受损。所以，在此还要提醒广大女性朋友，为了保障保单的有效性以及自身的保险权益，莫忘时常为你的保单做体检。

在为保单体检时，应着重检查以下几个项目：

1.联系方式

投保之后，保险公司通常会有一些相关的后续服务，比如保单分红、险种转换、保单档案打理、客户服务部搬迁通知等

等。如果投保人的联系方式发生变化却没有来得及通知保险公司，这样的后续服务自然就没法享受，保险公司寄送的一些重要通知也没法收到。

所以，检查保单的第一项，就是要看看上面的通信地址、联系电话是否已经改变，如果出现变更，就应及时通知保险公司或者是自己的代理人员，将联系方式更新一下，使保单处于一种可服务状态。

2.签名和年龄

在为保单体检时，要仔细检查一遍家中各张保单的投保人签名栏、被保险人签名栏、受益人姓名栏、被保险人年龄栏等细小处。若发现当初投保时未能亲笔签名，或被保险人年龄有误、或因为各种原因需要变更受益人，都应及时与保险公司或保险代理人取得联系，办妥更改手续，以避免日后自身保险权益无法得到维护。

3.缴费时间

根据规定，各类长期寿险如果逾期60天没有缴费，保单就将自动失效；过后两年还没有向保险公司申请复效的，保单就将彻底"死亡"。

因此，在给保单做体检时，要特别注意检查签单时间(若是

第二章 把握机会，投资理财

年缴产品，对应的每个签单周年就是缴费时间)，尤其是对于那些容易健忘的女性来讲，还应该做一些备注作为提醒，比如将缴费日期醒目地标在日历中，或者利用手机、PDA等电子设备的"备忘录"提醒功能，到期提醒自己缴费。总之，要想好办法避免保单冤枉失效。

4.保险费用

绝大多数保单生效后，每年缴的保费是固定不变的，但也有一些保险的保费并非如此，而是随着被保险人的年龄增长而发生变化：

一种情况是保费随着被保险人的年龄增长而减少。如某意外伤害类保险，当被保险人是未成年人的，其保费较高，当被保险人年满18周岁后，一般情况下保费会降低。

另一种情况是保费随着被保险人的年龄增长而增加，如某医疗类保险，保费会每5年或每10年上一个台阶。

还有一种情况是保费随着被保险人的年龄增长而呈现"先多后少再增加"的曲线变化，如某住院医疗类保险，被保险人0岁时保费最高，其后逐渐降低，10～19岁时保费最低，20岁后保费又逐渐增加。

在检查保单时，如果发现自己的保单涉及以上几种情况，

就必须加以注意:一是孩子年满18周岁时,应到保险公司办理"保全"手续,将意外险的保费调低;二是如投保时选择银行转账的,应注意存折余额,避免出现因余额不足而使银行划账失败,造成保单失效的情况。

5.保险金

很多投保人在买完保险后,总是忘记自己买了什么,更不清楚什么时候可以跟保险公司"领钱"。给保单做体检就是一次查漏补缺的好机会,看看是否有应该领取却未领取的保险金。

当然,如果错过了领取部分生存金或返本金的机会,也不用太着急,可以仔细查看一下保单,看是否有条款写明,少领部分生存金是否可以在以后的一些领取项目中得到补偿。如一些教育金保险就规定,高中金或大学金未领者,可以在婚嫁金中得到补偿。若自己看不明白,可以再向代理人和保险公司咨询,看有没有补救措施。

6.保障内容

没有一份保单能够适合女性人生的每一个阶段。当你单身的时候,可能一份意外险就够了。但是,当你结婚生子,成了家庭的经济支柱,对于保险的需求就很不一样了。这个时候,可能你要给自己增加寿险、重疾险,要给孩子准备一些教育保

险等。

虽然个人状况不会每年都有大变化，但在给保单做体检时，还是要将其列为检查项之一。看看已经给自己和家人买了哪些险种，有哪些保险保障，有没有险种重复购买，还有哪些保障需要补充，这样才能让保单能够随着个人、家庭情况的改变，不断完善保障内容。

7.代理人员

平时总听到有女性抱怨说："刚购买保险的时候，代理人整天和我联系，可一旦买了保险，时间长了，就没有代理人的消息，保险公司其他的服务人员也没有上门为我服务。"

由于保险代理人职业的特殊历史背景，以及保险行业日益激烈的竞争环境，保险代理人跳槽导致大量"孤儿保单"无人服务的案例多如牛毛。而且，很多女性购买的是"人情保单"，但随着亲戚朋友不做代理人，这些女性的后续服务就更没保障。

有鉴于此，女性在购买保险后最好把代理人的名片与相应的保单存放在一起。若在保单体检过程中发现这个代理人已经有段时间没有与自己联系了，就应该马上检查他的联系方式是否变了，是否已经离职了。一旦代理人真的离职了，可以拨打保险公

司热线电话，要求保险公司重新委派新的代理人员或服务人员为自己服务，从而保证自己的保险始终处于一种活动的状态。

保险索赔五步曲

索赔，是指购买保险的人不幸成为小概率风险事件的受害者而要求保险公司兑现其事先承诺的行为。

很多女性投保人总以为既然缴了保费，出险了理应找保险公司加倍拿回损失，但结果往往事与愿违，于是便对保险公司有"投保容易索赔难"的感觉。

导致保险索赔难的原因是多方面的，除去极少数保险公司或保险代理人恶意骗保的因素外，投保人对保险公司理赔程序的不了解也是其中十分重要的原因。如果女性投保人在索赔的过程中，能够履行以下五部曲，保险索赔还是很容易的。

第一步：明确保险责任

如今，随着保险公司开发力度的加大，保险险种越来越多，不仅有家庭财产保险、机动车辆保险，还有人身意外保险

等。不同的险种有不同的保险责任，只有在保险责任范围内发生的保险事故，保险公司才会履行赔付义务。

比如定期寿险一般规定，只有在约定的期限内出险，保险公司才负有给付保险金的义务，超出此时间范围，保险公司就不赔付。

再如意外险，只有在被保险人因意外身故或高残才给付保险金，而被保险人若因疾病出现身故，保险公司也不会付保险金。

所以，当出险后，投保人应明确保险责任，如果自己所遭受的严重灾害或事故损失在保险的责任范围之内，就可以及时向保险公司索赔，如果不属于保险的所保责任，就不可能得到有关赔偿。

另外，补偿性的保险中还有一个免赔额的问题。如住院医疗保险一般都会有免赔额，即在免赔额以下的花销，保险公司是不给报销的。以一款住院医疗保险产品为例，条款规定400元为免赔额，这就意味着保险公司只对超出400元的医疗费按规定报销。为了避免日后出现争议，投保人在购买相关保险产品时应注意是否有相应的免赔或免责情况，明确自己拥有的权利范围。

第二步：必须及时报案

在明确了保险责任后，投保人或被保险人以及其他利害关系人应及时向保险公司报案，提出给付保险金申请。因为有的险种对报案的时间要求较严格，例如家庭财产保险附加盗窃险，条款就规定被保险人财产被盗后，被保险人应保护现场，并在24小时内通知保险公司，否则保险公司有权拒绝支付赔款。报案的方式可以用口头或函电，一般采用后者居多，以此可以作为备查根据。

第三步：提供各种单证

在接到报案后，保险公司会要求被保险人在指定时间内提供损失证据及各类证明单据。如果投保人在出险后想顺利获得保险公司的保险赔付，一定要备齐各类证明单据。

有的人在出险后，什么手续也不办，单证也不提供，一门心思到保险公司找熟人、托门路，希望能得到理想的赔偿，这其实是一种误区。要知道索赔过程有数道程序监督，每一笔费用支出有严格的界限，有数道审批关口，找不找熟人都一样，应该遵照索赔规定办理，提供应交的一切单证，才能加快赔付进程。

具体到不同的保险种类，其要求提供的证明单据也不一

样：

对于死亡给付申请，保险公司一般会要求被投保人提供给付申请书，被保险人、身故金受益人以及申请人的身份证，被保险人的户口簿，死亡证明书，法医鉴定书或交通意外责任认定书，保险单及最后一期的收据。

对于医疗给付申请，保险公司一般会要求投保人提供给付申请书，被保险人、医疗金受益人及申请人身份证，住院门诊病历及医疗费收据，保险单及最后一期收据。如果被保险人有公费医疗，单位和社保已经给报销了一部分，那么需事先向保险公司出示由单位开具的医疗费用分割单，并注明所花费的医疗费用总额和单位已支付的费用，连同原始单据的复印件一起交给保险公司，保险公司将依据上述材料在医疗费用的剩余额度内进行理赔。

第四步：主动配合调查

资料及各种单证收齐后，保险公司为防止有人提出无根据的或夸大的索赔，一般会要求投保人配合公司进行调研，并提供附加材料和证据。只要事实清楚、证据确凿，保险公司一定会在最短的时间内给予赔偿，以维持其良好的声誉。不过，如果投保人在投保时有隐瞒病史的带病投保或被保险人没有亲笔

签名等情况,都会给索赔工作的顺利进行带来障碍。

第五步:维护自身权益

为了更好地保障投保人的利益,使投保人在出险后能够及时拿到保险公司的索赔,我国《保险法》专门对保险公司的理赔时间做出了一定的规定:保险公司在收到被保险人或受益人的赔偿或给付保险金的请求后,应当及时做出核定,对属于保险责任的,在与投保人达成给付保险金的协议后10日内履行给付义务,否则,将赔偿投保人因此受到的损失。

另外,对于给付保险金数额不能确定的情况,保险公司应当从收到索赔申请和有关证明、资料之日起60日内,根据已有证明和资料可以确定的最低数额先予支付,在最终确定数额后,再支付相应的差额。但如果保险合同无效,或有欺诈行为,或发生的保险事故不属于保险责任,保险公司就会下达拒赔通知书。如果投保人对理赔结果不服或有异议,可通过协商、仲裁或诉讼方式解决。

为此,只要投保人的保险单是合法有效的,并且不存在任何隐瞒欺诈行为,但保险公司却有意拖延时间并不能按期支付理赔的所有费用,投保人就应该及时做出决定,通过法律途径来维护自己的合法权益。

花点心思,了解基金

当"基民"遍地的今天,初始投资基金的你,到底对基金有多少了解?你知道什么是基金?你知道市场上有多少种基金吗?想要做个真正的"基民",首先就要弄明白这些问题。

基金其实是一种利益共享、风险共担的集合性投资工具,这种投资工具由基金管理公司或其他发起人发起,通过向投资者发行受益凭证,将众多投资者的资金募集起来,经银行托管,由专业的基金管理公司管理和运作,通过投资于股票、债券、可转换证券等各种金融工具,谋求资金长期、稳定的增值。投资者按出资比例分享投资收益与承担投资风险。简言之，基金就是你把钱交给基金管理公司，让基金管理公司的专家去给你投资并获取收益。

基金运作包括三个主要要素：基金投资人（也称受益人）、基金管理公司、基金托管银行。基金托管银行作为基金资产的名义持有人，负责安全保管基金资产并监督基金管理公司的投资活动，以确保基金投资人的合法权益。

基金的种类繁多，不同种类的基金，风险和收益水平各有不同，其交易方式也有差别。买基金前，首先就要弄明白基金的种类，然后才谈得上选择适合自己的一只或多只基金，构建自己的投资组合。在此，我们详细为你介绍一下基金的种类：

1.按基金规模是否固定划分

根据基金规模是否固定来划分，可分为开放型基金与封闭型基金。

开放型基金是指基金设立时，其基金的规模不固定，投资者可随时认购基金受益单位，也可随时向基金公司或银行等中介机构提出赎回基金单位的一种基金。

封闭型基金则是指在设立基金时，规定基金的封闭期限及固定基金发行规模，在封闭期限内投资者不能向基金管理公司提出赎回，基金的受益单位只能在证券交易所或其他交易场所转让。

2.按投资策略划分

按投资策略，基金又可以分为以下几种，其风险性依次降低：

（1）积极成长型基金。以追求资本的最大增值为操作目标，通常投资于价格波动性大的个股，择股的指标常常是每股收益成长、销售成长等数据，最具冒险进取特性，风险与报酬均最高，适合冒险型的女性投资者。

（2）成长型基金。以追求长期稳定增值为目的，投资标的以具长期资本增长潜力、素质优良、知名度高的大型绩优公司股票为主。该类基金的投资重点并不着眼于股票的现价，而是预期未来股价表现会优于市场平均水平。

（3）价值型基金。以追求价格被低估、市盈率较低的个股为主要策略，旨在买入那些暂时被市场所忽视、价格低于价值的个股，预期股价会重返应有的合理水平。

（4）平衡型基金。以兼顾长期资本和稳定收益为目标。通常有一定比重资金投资于固定收益的工具，如债券、可转换公司债等，以控制风险，获取稳定的利息收益，其他的部分则投资股票，以追求高收益。一般是把资产总额的25%~50%投资于债券，其余的投资于普通股。其风险、报酬适中，适合稳

健、保守的女性投资者。

（5）保本型基金。以保障投资本金为目标，将部分资金投资于国债等风险较低的工具，部分资金投资于股票，而投资股票的部分份额可能会根据基金净值决定，净值越高，可投资于股票的部分就越高。在国内，保本型基金基本都有第三方担保。在国外，由于可以投资衍生工具，保本基金的风险较高的投资部分也可以通过把债券部分产生的利息投资在衍生工具上，通过放大杠杆操作来追求收益。不过，要提醒女性投资者的是，保本基金并非在任何时间赎回都可保本，在保本期到期之前赎回，也可能面临本金损失的风险。

3.按投资对象划分

按投资对象可将基金分为货币式基金、股票型基金、债券型基金和配置型基金四大类，其中配置型基金是在股票和债券两类产品中进行配置，又被称为混合型基金，它还可以细分为偏股型、偏债型、股债平衡型。

挑选基金管理公司

投资者经过认真考虑与评价，选择了自己认为较合适的基金后，就必须对基金管理公司进行认真地挑选。

基金管理公司，顾名思义就是管理投资者所购买基金产品的专门机构，投资者的基金资产由他们来负责投资。因此，基金管理公司的好坏直接关系到基金持有人委托其管理的资产能否保值增值。从这个意义上来讲，挑选一家好的基金管理公司对投资者至关重要。

翻开基金管理公司的宣传材料，你会发现各基金管理公司都说自己公司的基金是最有潜力、增值最快、回报最高的基金,这不免让人纳闷:到底谁是最好的基金管理公司?

其实,"基金广告,仅供参考",投资者要想挑选一家好的基金管理公司还需遵循以下几个步聚:

第一步,查看基金管理公司的管理和投资运作是否规范。

规范的管理和运作是基金管理公司必须具备的基本要素,也是保证投资者的基金资产安全的首要条件。一般来讲,基金行业是赚取阳光利润的行业,投资运作非常透明,证监会对其的监管力度也很大,违规违法事件的发生概率较低。但是,也不排除有个别基金公司仍然存在一些问题。因此,花一些时间了解基金公司的投资运作和管理还是很有必要的。

具体来讲,判断一家基金管理公司的管理运作是否规范可以从以下几个方面入手:一是阅读基金的招募说明书,了解公司管理层的基本信息、独立董事的情况等。二是在该公司的网站上查看其旗下基金的管理、运作及相关信息的披露是否全面、准确、及时。三是通过公开的媒体信息来了解基金管理公司有无明显的违法、违规现象。

通过第一步行动,你会得到一些基本信息,如这是一家独资公司还是合资公司,公司股东的大致状况,公司目前管理的基金规模大概是多少,旗下基金的净值变动公布的及时程度以

及得到这些信息的难易程度等等。这些信息将会帮助你对所感兴趣的基金管理公司形成一个大致的印象。

第二步,关注基金管理公司历年来的经营业绩。

基金管理公司历年来的经营业绩,是其投资能力的最佳证明。基金管理公司经营业绩的高低可以通过其旗下基金净值增长和历年分红情况体现出来。

由于各基金的设立时间不同,其间市场的波动较大,其累计净值增长难免会有所差异,投资者应考察某一基金管理公司旗下基金自成立以来平均净值增值率,同时,也可以将特定时段内该公司基金的净值增长情况作为评判依据。如2004年大盘持续在低位徘徊,各基金管理公司旗下基金的净值表现差异较大,湘财荷银、易方达、嘉实等基金管理公司旗下基金的表现明显优于平均水平。而相比之下,个别基金管理公司则由于旗下基金判断的偏差导致业绩下滑。这种基金净值的差别只是表面现象,基金管理公司的投资管理水平的高低才是背后的真正原因。

另外,就各基金管理公司的分红情况来看,一般而言,基金设立当年分红大多不理想,但是随后如果市况较好,绝大多数基金年终都能给投资者较为丰厚的回报,如2000年的大牛

第二章 把握机会，投资理财

市，所有运营满1年的基金都进行了分红。

第三步，考察基金管理公司的市场形象和服务水平。

想要挑选一家好的基金管理公司，投资者除了查看基金管理公司的管理运作是否规范和关注基金管理公司历年来的经营业绩外，还应该考察基金管理公司的市场形象、对投资者服务的质量和水平，这些因素的考察可以为你的判断提供参考依据。

对于一般投资者来讲，通过及时关注媒体对基金管理公司的相关报道来考察基金管理公司的市场形象以及对投资者服务的质量和水平，是一个简单易行又直观的方法。因为现在的基金行业、基金公司是处于证券市场各种力量的监督之下的，其中，比较有代表性的是国内外一些评级机构的评测结果和主要的证券媒体的评选活动，比如近年来评出的"最佳回报基金公司""投资者最信赖的基金公司"等，这些信息都是你在选择基金管理公司时可以参考的因素。

另外，基金管理公司产品线的完善程度也是投资者要考察的内容之一，因为投资者在拥有完善产品线的基金公司内部可以实现不同类型基金之间的转换，如市场形势转暖，你可以选择股票型基金；市场下行时，你可以选择货币型基金，这种内部低费率的转换可以节省你的投资成本。

　　总之，要在众多的基金管理公司挑选出一家管理规范、服务优良而又适宜自己投资的基金管理公司是一个复杂的系统工程，作为投资者的你一定要擦亮慧眼，慎重挑选！

第二章　把握机会，投资理财

基金操作秘籍

众所周知，任何投资都是有风险的，投资基金也一样。虽然基金投资的风险相对而言比较低，但基金管理人会将基金资产的80%以上投资于股票市场和债券市场，而股票的价格和股息的分派也有很大的不确定性，所以，基金带来的实际收益会随着股票市场和债券市场的起伏而变化。一旦股票和债券价格大幅度下跌时，基金也不会有好的收益。同时，基金还有运行风险，即基金内部和基金管理人出现问题的时候，也会给投资者带来损失。

为了尽可能避免风险，获取盈利，投资者除了要对所购买

的基金有深入透彻的了解之外,还有必要下点功夫来学习操作基金的秘籍。

秘籍一:选准最佳购买时机

俗话说:"买得好不如买得巧。"在购买基金时,选准最佳购买时机是非常重要的。如果在不恰当的时机购买了基金,不但会增大投资的成本,而且还会导致套牢的风险。

那么,怎样才能选准最佳购买时机呢?以下方法可以供你参考:

(1)买基金尽量"买跌不买涨"。也就是说,当经济景气循环落入低谷,投资人信心低落,股市行情也随之跌落时,正是买入基金的最佳时点。

(2)许多基金公司一般会在特定时间举办优惠活动,比如在促销活动期间购买基金可享受申购费率优惠,投资者选择这样的时机购买可节省一笔不小的开支。

(3)买基金一般不要上午操作,应尽量在下午收盘前那段时间再做出操作决定,因为目前股市当天的波动很大,开盘时大跌,而收盘前十几分钟可能会迅速拉升,早买基金可能会变成错误操作。当然,投资者最好使用网上银行或基金公司的网上直销系统进行操作,网上操作可以一边看股市走势,一边

进行基金买卖,可以更方便、更灵活、更快捷地捕捉基金买卖时机。

秘籍二:适度分散投资风险

有一位女士将自己的一大笔钱全部投入某只基金,碰巧在市场持续下跌时,她又急需这笔钱用,所以不得不忍痛亏钱卖出,导致投资受损。所以,女性在投资基金时应该学会适当地分散风险。

分散基金投资风险最实际的办法就是建立基金投资组合。下面这个例子就可以让我们看清基金投资组合的优势所在。

在国企工作的张小姐每月收入相对稳定,除了日常开支外,尚有10万元余款。为了使这10万元钱最大限度增值,她在理财师的帮助下,结合自己的实际情况,琢磨出一套组合投资方法。

首先,她将10万元的资金,80%投向高安全性和高流动性的货币性基金,然后又将20%投向高风险而收益也很高的指数型基金(股票型基金的一种,跟踪指定的指数)。按目前货币型基金全年收益率3%左右来算,那8万元一年的收益就在于2400元左右,这样投在指数型基金中的2万元即使下跌10%~14%,于整个组合而言,依然可保本金不失。但如果股大盘在一年中上涨价10%~20%，那整个组合的收益差不多就可以达到4%~6%，比原来全部投资货币市场基金增加不少。更为可贵的是，整个组合在兼顾安全性和收益性的同时，资金也具有非常好的流动性，这样在遇到紧急情况时，可以选择赎回流动性较强的货币型基金。

当然，张小姐所采用的基金投资组合只是根据目前的市场收益情况举的一个简单的例子，基金投资组合是没有共性的，投资者根据自己对于资金不同的需求、承受风险的能力与意愿以及投资当时所处的经济周期和金融市场行情，设计出适合自己的基金投资组合，那才是上上之选。例如，在经济处于衰退期或熊市出现时，应当侧重于投资债券，减少股票基金的持有量。反之，投资侧重方向亦相反。

秘籍三：留心所选基金的变化

基金受投资理念更替、操作策略变化等因素的影响，业绩也会出现波动，所以，购买基金之后切不可束之高阁，不管不问，而必须密切留心所选基金的任何变化，以做到防患于未然。

投资者应密切关注所选基金的以下几方面变化：

1.基金资产配置的调整

基金资产配置是指基金投资的各种有价证券、外汇、期

第二章 把握机会，投资理财

货、黄金或其他投资项目的比例。由于投资目标和投资策略不同，不同类型的基金的资产配置比例是不一样的。严格地讲，大多数基金的资产配置比例都是事先载明在公开说明书内，除非受益人不会同意，否则一般不能更改。但有些基金并不严格这样做，特别是在市场价格巨幅动荡时，常对基金持股比例作一些调整。所以，投资者不仅在选择基金时要仔细研究其资产配置，而且在购买基金以后，还要经常留心基金资产是否进行了调整，调整后的比例是否符合自己的要求，并结合个人的投资目标，进行投资组合的相应调整。

2.基金资产的增减变化

当基金资产发生增减变化时，投资者应加以注意，尤其是当基金资产减少，原来一个大基金现在变成了一个小基金，投资者更应考虑是否要退出。因为小基金不可能做到投资的有效分散，所以风险也较大，并且由于要承担较多的分析研究费而影响到投资者的最终收益。这样说并不是意味着基金的资产增加，基金越大就好，因为基金资产太大，变动反而不灵活，有时候其表现还不如直接投资于股市，尤其是在股市出现空头市场的条件下，表现会更差。之所以这样说，是因为行市看涨，基金管理公司乘机抛出所持有的股票是比较容易的，但在股市

大跌时,基金管理公司要想抛掉所持有的大量的股票就相对困难得多。因此,一旦遇到这种情况,投资者应适时调整自身的投资组合。

3.基金投资目标的改变

一个基金的投资目标,必须事先载明于公开说明书中,使投资者在投资前可以将其与自己的投资目标相对比而决定是否投资。但在基金运行过程中,如果经过受益人大会的讨论通过是可以改变投资目标的,而作为基金管理公司不一定很明确地在公开说明书上把投资目标改变过来。有鉴于此,投资者就应从这个角度多加留心观察所选基金,如果发现基金的投资目标改变了,就必须重新权衡这个基金是否仍适合自己的需要。例如,基金由以前追求当期收入改变为追求长期资金的增长,现在基金目标的改变与投资最初的目标便不一致了,这时,投资者就必须考虑退出或转投于其他基金。

4.基金投资费用是否增加

基金的投资者,需要支付管理费、托管费、证券交易费等各种必要的费用。如果基金决定要增加收费,一定要事先通知投资者,若投资者觉得无力多承担这些费用,则可以考虑停止继续投资或干脆退出该基金而转向其他投资工具。

第二章 把握机会,投资理财

5.基金公司经理的变动

基金公司的经理直接关系到基金投资的绩效。一个精明强干的经理,会使基金的投资达到最佳,因而会给投资者带来较好的收益。一个缺乏才干的经理,则不可能管理好基金的投资,投资者也就无从获取更多的利益。所以,投资者应及时了解基金的人事变动,这可以通过有关报道,或登录该基金公司网站查询,或直接打电话询问基金公司得知,以免自己的投资糊里糊涂地受到损失。

秘籍四:切 频繁地买入卖出

基金投资是一项长期的投资理财活动。频繁地买入卖出基金,即使是一个专业投资者,也难以成功把握住每一个波段,从而可能踏空行情而错失基金业绩大幅上涨的机会。更不要说普通的个人投资者,要通过波段操作在中长期都能实现好业绩,是非常困难的。而且基金不是股票,除货币型基金之外,购买、赎回的手续费相对较高。所以,基金投资也不能沿用股票投资那种高抛低吸、波段操作、追涨杀跌、逢高减磅、短线进出、见好就收的思路,而是应该结合自己当时的财务状况,观察市场的阶段走势,尽量进行长期投资,才能使理财之旅倍添精彩。

找出值得投资的个股

显然,从事股票投资首先要买进一定种类、一定数量的股票。但是,面对交易市场上令人眼花缭乱的各种股票,到底要如何才能找出值得投资的个股呢?

1.选择高成长行业的个股

任何公司的股票价格都与其所处行业的发展周期密切相关。一般来说,任何行业都有其自身的产生、发展和衰落的生命周期,人们把行业的生命周期分为初创期、成长期、稳定期、衰退期四个阶段,不同行业经历这四个阶段的时间长短不一。一般在初创期,盈利少、风险大,因而行业总体股价水平

第二章 把握机会，投资理财

较低；成长期利润大增，风险有所降低但仍然较高，行业总体股价水平上升，个股股价波动幅度较大；成熟期盈利相对稳定但增幅降低，风险较小，股价比较平稳；衰退期的行业通常称夕阳行业，盈利减少，风险较大，财务状况逐渐恶化，股价呈跌势。

比如说上海汽车(600104)，在经历了2003年汽车行业井喷后，大部分投资者认为2004年汽车行业将继续高速增长，与此同时，上海汽车的股价在2003年股价翻倍的基础上也被继续看好，可最终结果是2004年国内汽车行业仅为低速增长，而且利润率大幅下降，因此，上海汽车的股价在2004年也惨遭腰斩。

有鉴于此，在选择个股时，首先要考虑到行业因素的影响，尽量选择高成长行业的个股，而避免选择夕阳行业的个股。例如我国的通信行业，近年来以每年30%以上的速度发展，行业发展速度远远高于我国经济增长速度，是典型的朝阳行业，通信类的上市公司在股市中备受青睐，其市场定位通常较高，往往成为股市中的高价贵族股。另外，像生物工程行业、电子信息行业的个股，源于行业的高成长性和未来的光明前景也都受到热烈追捧。

2.选择有竞争优势的公司股票

市场经济的规律是优胜劣汰,一个公司只有确立了竞争优势,并且不断地通过技术更新、开发新产品等各种措施来保持这种优势,才能长期存在,公司的股票才具有长期投资价值。如果公司没有足够的竞争优势,注定要随着时间的推移逐渐萎缩乃至消亡。

所以,不妨先对拟投资公司的基本情况进行分析,包括公司的经营情况、管理情况、技术水平、财务状况及未来发展前景等,进而对该公司的竞争能力和未来发展前景有一个感性的认识,然后再确定是否购买该公司股票。

当然,这项工作由于专业性较强,一般由专业分析师进行,但普通投资者仍然可以根据自己掌握的信息做一个大概的估计。如上海的浦东股、深圳的科技股等,由于人们对其发展的预期非常看好,往往使它们的股价成倍地增长。

3.不选有问题公司的股票

在选择个股时,投资者绝对不要选择有问题公司的股票,因为从长期统计结果来看,凡是出过问题的公司,能够起死回生者,比率不超过10%。换言之,操作这些公司的股票的投资者,有九成以上是注定要送钱的。因此,投资者万不可因价位便宜,而买这些有问题的公司的股票,最好是敬而远之,以策

第二章 把握机会，投资理财

安全，尤其对新手来讲则更是如此！

由于各家公司所处行业、发展周期、经营环境、地域等各不相同，存在的问题也会各不相同，投资者必须针对每家的情况做具体的分析，有一个固定的分析模式。但一般来讲，公司发生的重大问题容易出现在以下几方面：

（1）公司存货巨额增加、存货周转率下降，很可能是公司产品销售发生问题，产品积压，这时最好再进一步分析是原材料增加还是成品大幅增加。

（2）公司的应收账款比收入上升更快。如南开戈德(000537)，主营收入由2002末的2.22亿元下降到2003年末的0.98亿元，而应收账款仍然由2002末的2768万元上升到2003年末的2958万元，这就表明该公司的经营状况已经严重恶化。投资者如果投资该股票，可能会遭受更大的损失。

（3）公司因投资项目失败遭受重大损失，持续经营都难以维持，甚至资不抵债，濒临破产和倒闭的边缘。

（4）公司因债务或担保连带责任等原因发生重大诉讼案件，涉及金额巨大，一旦债务成立并限期偿还，将对公司的生产经营产生重大影响，对公司的信誉也会造成很大损害，甚至有可能使公司面临破产危险。

投资股票的方法

在所有的投资工具中,股票可以说是投资回报率最高的投资工具之一,特别是从长期投资的角度来看,几乎没有哪一种公开上市的投资工具能比股票提供更高的回报。因此,股票有"投资的代表选手"之称。

但是,如何投资股票却不是简单得像拿钱购物那样容易,尤其是对于一个新手来说,面对着股票市场数以千计的股票,往往眼花缭乱,不知从何下手。在此,我们提供一些股票投资的基本方法,希望可以帮你有一个良好的开端。

第二章　把握机会，投资理财

1.分散投资法

所谓分散投资法，就是将一定量的资金按照一定比例投资于两种或两种以上的股票上，并且确定一个股票价格浮动幅度作为常数。如果该种股票价格下跌幅度超过了计划常数，就迅速将股票卖出，收回资金再投资于其他正在上升或可能上升的股票。同样，如果某种股票价格上升幅度超过了计划常数，也要立即卖出，收回资金投资于其他股票。

这种投资方法是一种典型的短期操作方法，既避免了大风险，又保证了一定的收益，特别适合于股市经验不足、资金实力不强的女性投资者采用。

谭梅，只有初中文化程度。1992年，她随丈夫由西安迁入上海，在丈夫的一些同事的极力鼓动下，她开始从事股票买卖。

起初，谭梅没有条件去分析研究股市变动，甚至连报纸上的股市行情报道分析也难弄懂，所以，她并不知道自己到底该买哪一种股票。最后，她以2万元资金，分别购买了几家公司的股票。

在上海股市大踏步持续高涨的狂潮中，许多投资者丝毫不考虑卖出，期待股价会永远上涨，但谭梅却给自己定了一条规

矩：只要某种股票价格上涨或下降的幅度超过10%时，就毅然将该股票抛出，然后将资金投入另一种可能上涨的股票。即使在股价直线上蹿时，她也不奢望获取超过10%的利益。这样，在不足1年的时间里，谭梅只身赚进近30万元。

与此同时，那些期待股价会永远上涨的投资者，往往会因把到手的利益付之东流而后悔不已。

由此可见，分散投资法既降低了风险，又保证了一定的收益。

但由于这种方法的卖出价是参照最初买入价的一定比例确定的，所以采用时应避免在高价位时买入。如果股价处于高位，股价上升很困难，按照这一方法，投资者将只能在股价跌到一定幅度时抛出，这就要蒙受一定的损失。

投资者要尽量选择股价变化趋势不同的股票作为分散投资对象，以达到分散风险的目的，避免几种股票都在跌幅达到一定程度时抛出。

此外，对股价浮动常数也要慎重确定。一般在整个股市行情波动较小时，常数可适当大一些；而在股市行情浮动较大时，常数应适当小一些，以规避风险。

2.固定投资法

固定投资法是在确定投资于某种股票后，选择一个合适的

第二章 把握机会，投资理财

投资时期，在这一段时期中以相同的资金定期地购买股票，不论这一时期该股票价格如何波动都持续地购买。经过一段时间的积累，高价股与低价股之间就会互相搭配，这样可以使投资者的每股平均成本低于平均市价。

固定投资法是一种相对保险的投资方法，它对那些不愿冒太大风险，尤其是初涉股票市场、不具备股票买卖经验的投资者很有帮助。

3.等级投资法

这种方法是指投资者选定一种股票作为投资对象时就要确定股价变动的一定幅度作为等级，这个幅度可以是一个确定的百分比，也可以是一个确定的常数。每当股票下降一个等级时，便买进一定数量股票；当股票上升一个等级时，就售出一定数量的股票。下面就让我们用具体的案例来说明这种投资方法：

凯莉选择某公司股票作为投资对象，并确定每个等级股价变动幅度为5元。当她第一次购进100股时，股价为每股50元。那么当股价变动为40元、45元、50元、55元、60元时，按照股价下降时买进，上升时抛出的原则，根据等级投资法，当股价下降到45元时，她就要买进100股该种股票；当股价下降到40元时，她再买进100股该种股票。一旦股价回升，在股价为45元和

50元时,她就要分别卖出100股。

等级投资法适用于股价波动较小的股票。如果股票价格呈长期上升或下跌趋势,就不能运用这一方法。因为在股价上涨时,投资者不断买进股票,一旦股价下降已成定局,投资者的损失将越来越大。所以,一旦股票价格持续上升或下降已成定局,就应当果断地停止这一计划。

另外,利用这一方法还必须注意股价升降幅度,即买卖等级的间隔要恰当。市场实际行情波动大,买卖等级的间隔可以大一些。反之,买卖等级的间隔可以小一些。如果买卖等级间隔过大,会使投资者丧失买进和卖出的良好时机,而过小又会使买卖差价过小。

4.倍数投资法

倍数投资法的操作方法如下:当投资者第一次买进股票后,发现价格下跌,第二次加倍买进股票。以后在股价一路下跌的过程中,每一次购买数量都比前一次加倍,这样就成倍增加了低价购入的股票占购入股票总数的比重,降低了平均总成本。反之,如果股价上升,则需成倍减少买进的数量,以保证最初按低价买入的股票在购入股票总数中占较大的比重。

柳茵最初以5000元买进了某公司的100股股票,股价为50

第二章　把握机会，投资理财

元；以后在股价下降到40元时，她投入资金10000元，购入该股票250股；在股价下降到25元时，她再次加倍投入资金，以20000元购入800股。这样她三次共投入35000元资金，买入1150股，每股平均购入单价下降到不足31元，一旦股价回升超过31元，她就可以抛出获利。

反之，在股价上升过程中，柳茵需成倍减少买进的数量，比如：她第一次以25元买进某公司股票400股，投入资金10000元；以后在股价上升过程中，她按照倍数投资法进行投资，当股价上升到40元时，她投入5000元，购入该股票125股；在股价上升到50元时，她投入资金2500元，购入该股票50股。这样她三次共投入资金17500元，买入575股，每股平均购入成本不足31元，只要该股票股价不低于31元，她便可以获得收益。如果股价还在上升，她就可以在获得一定收益时将股票全部卖出获利。

运用倍数投资法买入股票，必须对资金做好安排，以免最初投入资金过多，以后的投资无法按倍数摊平。

5.固定比率法

固定比率法是指投资者把一定的资金分别投向价格相对稳定的债券和风险较大、具有较大获利可能性的股票，使持有的

股票市价总值与债券总额维持在一个固定的比率上，并以维持这一固定比率为目标来进行操作调整。

至于两部分之间的比率究竟有多大，投资者要根据自身需要来确定。如果投资者注重资本增值，则持有的股票市价总值的比重就可大些。而如果投资者更注重资本的安全性，则债券总额的比重可大些。

朱琳，有现金10000元用于投资，她认为在投资时风险性和安全性的比率应该相等，即各占50%。于是，她把其中的5000元投资股票，余下的5000元投资基金。

在投资完毕之后，她还根据股票的变化进行调整操作，以维持股票市值与债券总值的固定比率：假如股票价格上涨，则卖出部分股票，用于投资基金；假如股票价格下跌，则卖出部分基金，用于投资股票，以促使两部分的比率重新恢复到各占50%的水平。

固定比率法适用于随着经济周期性的变化、股价波动较大的股票，但不适用于股价持续上升或持续下跌的股票。因为如果股价持续上升，投资者在股价上升到一定阶段时就会出售股票购买债券，这就减少了股票投资额在总投资额中的比例，失

去了股价继续上升时可以获得的利益。相反，如果股价持续下跌，投资者不断地出售债券补进股票，就要承担股价继续下降而持有股数不断增加的风险。

智慧理财

股票的买卖时机

在股市中有这样一句格言:"选择买卖时机比选择股票种类更重要。"这就告诉我们,选择股票买卖的时机对股票投资者来说至关重要。有些女性就不注意选择股票的买卖时机,结果不仅会错过赚钱的机遇,更有可能会赔光老本。

冯媛2004年入市,股市刚开始上涨的时候,她以为大盘只是个小反弹,所以没有在意,一直在观望。后来股市越涨越高,她想这大盘不可能就这么一直上涨,总应该有个回落整理的走势吧。可奇怪的是,大盘这次却是持续上涨,没有出现想象的回调,冯媛就这样错过了入市买股票的最好时机。

第二章 把握机会，投资理财

时机是瞬间即变的，而且是变化莫测的，股票的买卖时机更是如此。股票市场的女性投资者，特别是中期和短期的女性投资者只有把握好股票的买进与卖出时机，才能及时地抓住赚钱的机遇，实现自己的财富梦想。

1.买进时机选择

下列情况是买进股票的有利时机：

（1）在牛市中，绩优成长股除权除息发布前，宜速买进，因为其能较快填权填息，除非已被炒至天价。

（2）股价持续下跌，在低价位区盘旋，突然出现大成交量时，宜速买进。

（3）股价惨跌，大多数投资者都已失望时，是买进时机。

（4）上市股份制企业发生天灾，引起其股票大跌时是买进时机。因为由天灾造成的损失，保险公司一般会给予合理补偿，只要能及时恢复经营，实际影响巨大。

（5）股价跌势达到末期，进入盘旋整理时，可速买进。

（6）股价涨势启动，股市确定回升时，宜作中长期投资。

（7）股票突破上档压力关口后，宜作短期投资。

（8）个股轮流跳动时可买进。

（9）重大利多因素正在形成时可买进。

（10）各种利空消息出尽时为买进时机。

（11）不确定因素造成股价非理性下跌时宜速买进。

（12）某股票低于其他同类股票，而其业绩又不差时可买进。

（13）股价指数线长期徘徊后形成低谷时宜买进。

（14）股价从谷底翻转大涨后第一次回跌时宜买进。

（15）股价突破上限阻力线时是买进时机。

（16）股市每天股价上涨的种数减去下降的种数所得的净差额累积数扩大时宜买进。

2.卖出时机选择

下列情况是卖出股票的有利时机：

（1）大盘行情形成大头部时，应果断地卖出股票。

（2）当股价大幅上扬之后，持股者普遍获利，一旦某天该股大幅上扬过程中出现卖单很大、很多，特别是主动性抛盘很大，反映主力、大户纷纷抛售，这时是卖出股票的关键期。

（3）股价上升一段时间后，日K线出现十字星或长上影线的倒锤形阳线或阴线时，是卖出股票的关键时机。

（4）股价大幅上扬后公布市场早已预期的利好消息是卖股票的好时机。

（5）上市公司年终或中期实施送配方案，股价大幅上扬后，股权登记日前后或除权日前后，往往形成冲高出货的行情，一旦该日抛售股票连续出现十几万股的市况，应果断卖出，反映主力出货，不宜久持该股。

（6）股票周K线上6周RSI值进入80以上时逢高分批卖出是关键。

（7）买入某只股票后，若该股票周K线6周RSI值进入80以上时，几乎90%构成大头部区，可逢高分批卖出，规避下跌风险为上策。

规避股市风险

股市涨涨跌跌,永远有无穷的风险。正如各种证券报刊杂志上所写的那样:"股市风险莫测,据此入市责任自负。"但只要投资者能够学会一些规避股市风险的技巧,一切就都可以在掌握中了。

1.了解基本的股票知识

近年来,股市的赚钱效应使得中国不少百姓更渴望快速致富,在这股潮流中,我们常常可以看到有些人在刚进股市的时候是很盲目的,因为不懂股票,也不了解投资股票的方法,所以常常没有主见,听风就是雨,胡乱买股票吃了亏。

第二章 把握机会，投资理财

其实，股票投资，还是要走在热点前面。如果老跟在别人屁股后面，就会错过最好的时机。何况，股市如战场，大家为了各自的目的，各种消息层出不穷。所以，作为一个初级股民，最好能多花些心血和时间去多方面了解股市的规律以及股票的基本知识，然后再根据自己的性格特征和风险偏好，有的放矢地去买股票，才能成为稳健而成功的投资人。

刘女士是退休那年走进股市的，刚入市的时候她连最基本的股市术语和K线图都不懂，就怀揣着1万多元现金走进股市。入市时一个"内行人"为刘女士推荐了一只价位在10元钱左右的股票。当时这位"内行人"指着这只股票的K线图对她说："俗话说，'横着有多长，立起来就有多高'，这只股票横在这有日子了，将来你就瞅它涨吧！"刘女士听从了"内行人"的指点，满仓买入了1000股。买入之后，她是左等右等都不见股价"立"起来，倒是见它步步走低，离买入的价位越来越远了。她感觉不对劲，就跑去向一些"高手"请教，"高手"们看了该股的K线图之后告诉她，这是一只庄家正在出货的股票。刘女士这才知道自己买了一只"熊股"，并且这只"熊股"是经过庄家大幅炒高之后扔下来被自己接了的"烫山

芋"。她不禁为自己不懂股票又轻信了别人的话后悔不已。

2.先做纸上演练

看过一些书报,对股票有了基本了解,是否就可以开始买卖股票了呢?答案是否定的!为了更有效地规避风险,开始时最好不要贸然尝试,可以先做纸上模拟投资,在掌握了足够的实战经验后,再去闯关。具体的做法是"准"投资者自行研究整个股市大势,并分析所选定的股票,然后决定在什么价位买进多少,接着便是决定应在何时卖出,一切像是在玩真的一样。这种纸上演练必须逼真,才能够收到效果。

另外,在每天股市开盘之前,"准"投资者应先对所搜集的各项资讯,包括从报纸、杂志等所有媒体得来的信息,加以研判,然后对当日股市或个别股票的涨跌幅度做一个预测。事后,再和当天收盘后的"正确答案"相对照,看自己的判断准不准。经过这样反复演练,可以大大提高投资者预测股票走势的能力。

3.别只图拾便宜

在股市里,有两类看法相反的人永远各执己见、争斗不休。其中一类人士专好抢进高价的股票,而另一类人士则热衷于挑那些低价的股票。到底哪一种投资胜算高呢?

其实,买股票,往往是一分钱一分货,买得起高价股票的

人，很多都是识货之士。而那些喜欢拾便宜货的人，拾到破烂的概率则极高。另据统计，买高价股票的获胜率远超过买低价股票。因此，投资者千万不要只图"拾便宜"。

赵女士抱着试一试的心情，在股票账户上存了3万块钱。但当时她对股票还显得很盲目，并不知道自己到底该买哪一种股票。最后，她决定按自己平日的理财习惯，挑最便宜的买，于是，她在股票屏幕上找到一种当时比较便宜的股票，购买了5000股，一共投入资金2万元。但是，让她大失所望的，这只股票的股价没有如她期望中的上涨，而是一直在3~4元的价位徘徊，当时，这只股票已经实实在在的是只"熊股"了。说它"熊"是因为在十大流通股东的明细中，大多数人是自然人持股，基金、保险公司等机构投资者早已跑得不见了踪影。而如果一只股票的十大流通股东中没有了基金等机构投资者的身影，想让它在市场上"牛"起来都难。等待是漫长的，在被套的日子里，赵女士只得黯然地割肉离场。

4.学会判断上涨行情是否真实

任何国家的股票市场，都免不了有投机客的存在，而这些投机客也会尽其所能，希望影响行情。当行情上涨时，投资人

要学会判断股市是受到少数投机客集中炮火轮番炒作所造成的局部涨势,还是全是参与普天同庆的全面上涨行情,才能放心进行投资。

而要判断上涨行情是真实的还是人工制造的,成交量是最佳的指标。如果股市中大部分股票价位与成交量都毫无起色,只有少数明星般的价位像在作秀般地表演,而且反因为加权计算指数的关系,使股价指数看起来上涨不少,遇上这种指数虚胖情形时,在整体成交量不大的情况下,极有可能是少数团体在提拔明星的结果,投资者万不可盲目买入。

当然,那些赌性比较大、自认看得准的冒险家也许能在一些团体开始拉拔时便眼明手快迅速跟进,分得一杯羹。不过,好玩火者终必自焚,一不留神便可能血本无归了。

看着身边的朋友在股市里一进一出,本钱就翻番了,武小姐心头直痒痒,这时,她听说某机构要"大炒"G承钒钛,于是,她当天全仓买入了该股,可让人意想不到的是,国际金属价格出现大幅下跌,受此影响,G承钒钛第二天就直接跌停,就这么一个来回,让武小姐尝到了股市赔钱的辛酸。

5.别把鸡蛋放在太多的篮子里

时下股市里存在一种观点,认为分散投资风险就是将所有

的资金投资在不同的股票之上。因此,就真的有人将100万元资金分成若干份分别投向不同的股票市场、不同股票之上:花30万元买"海尔",20万元买"华联",20万元买"中兴",20万元买"长虹",最后10万元再买点"深发展"。

事实上,这种将鸡蛋放在太多的篮子里的操作,不但起不到分散风险的作用,反而更容易将事情搞糟。万一这5种投资里有3种行情走反,投资人马上手忙脚乱,无法应付接踵而来的变化。一如同时从天上掉下5个鸡蛋,接住1个,接不住其他4个,接住2个,接不住其他3个,或者,最常发生的情况是,5个鸡蛋都跌碎。这样的操作,陡增风险。

市场上的股票那么多,投资者不可能做到对每种股票都熟悉。所以,投资者,尤其是初入市场的女性投资者,绝不能选择不同市场、不同种类、不同性质的股票,"将鸡蛋放在太多的篮子里",而应该使手中握有的股票种类尽量单纯,这样在行情分析预测以及应付不时出现的意外行情时,才不会左支右绌,穷于应付。

6.切忌"孤注一掷"

股票价格的波动很快,并且幅度较大,因此,对它的预测是非常困难的。如果投资者用全部资金一次性买进某种股票,

当股票价格上涨时，能赚取较大的价差；但如果判断失误，股票价格跌了，就要蒙受较大的经济损失。

鉴于股票市场的风险较大，如果承受风险的能力不强，所以，在投资股票时切忌把所有的资金做孤注一掷式的投入，而要根据股票的实际上涨情况，将资金分段逐步投入市场。这样，即使出现预测失误，也可以立即停止投入，以规避风险。

在外贸公司上班的孙女士就是这么做的。在入股市之前，她先将自己的100万资金分成40万元、30万元、30万元这样3份，第一份作为第一次投入的先锋队，第二份作为筹码，第三份作为补投资金。接着，她开始对价格行情做了一番分析，然后，她选择适当品种投入第一份资金40万元开仓交易；当行情如预测一样走势时，随即投入第二份资金30万元作为筹码，逐渐加码，并随即选定获利点获利离场；当行情走反，朝着不利方向发展时，此时第二份资金30万元配合做摊平。而最后一份资金30万元，可以灵活运用，在行情大好时追杀，在行情大坏时当成反攻部队，弥补损失。正是采用这种特殊办法炒股，孙女士几年在股市中一直一路顺利。

总之，股市的风险变幻莫测，没有人可以很准确地预测，所以在遵循上面几点后，女性投资者还需要在适当的时候把握自己的心理，尤其是扼制住心里的贪念和固执。也许就是一念之差，就是那么一点固执，葬送了自己的"钱"途。

房产投资攻略

"女子有房便是德",时下,这句话成了很多女性的奋斗动力。在北京、上海以及很多沿海城市,女性购房开始成为潮流。令人吃惊的是,购房女性的年龄呈现出年轻化趋势,越来越多的年轻职业女性在婚前便购买了属于自己的住房,这样做既是为追求独立生活,也是一个不错的投资。

然而,随着房价逐年上涨,贷款难度不断增大,房产投资的回报率也越来越低。在这种情况下,投资房产更要审慎。

一、投资时机

与投资股票一样,投资炒房也需要把握适当的时机,既不

第二章 把握机会，投资理财

能在楼市旺销的时候盲目追涨，也不能在市场疲软的时候错失良机，这样才能获取较好的收益。那么，什么时候才是最佳的投资时机呢？可以从四个方面考虑：

1. 看国家的经济增长率

经济持续、健康、高速地发展，必然会带动房地产业的快速发展，使房地产的有效供给不断增加，新楼盘不断涌现，这给了购房者以充分的选择余地，可以用相对低的投入获得比较满意的住房。这个时候就是投资房地产的最佳时机。

2. 看银行利率

大多数购房者，不论是买房自住的还是用来投资的，大都离不开银行的支持，而利率的高低直接影响到还款额度，如果能够在利率低的时候购房，无疑能够减轻自己的负担，对于投资者而言则是降低了成本。

3. 看开发商的销售量

看开发商的销售量也是把握投资房产时机的方法之一。因为房价总是跟着销售量走的，不管是现房还是期房，如果销售量不到30%，开发商的成本还没有收回，这时开发商就有可能降低房价；但如果销售量能达到50%，这就表明房地产供销平衡，房价在一定时间不会变化；如果销量已达到70%，这表明

房地产需求旺盛,很有可能会涨价。但当销量达到90%以上,开发商一般想尽快开发其他项目,再加上可挑选的房源少,房价可能会再次降下来,这时也是比较好的购房时机。

4.看月份

一般来说,每年的5月和10月都是房产交易的旺季,房价在这个时候也会上涨。而7月、8月和年底的时候,交易比较清淡,房价比较平稳,挂牌出售的业主也比较心急,不仅有不少好房可供慢慢挑选,还可打个比较合适的折扣,这个时候购买,比较合适。

二、地理位置

房产所处的地段好坏直接影响到该房产的销售价格和出手速度。同样质量和面积的房产,可能就因为地理位置距离市中心相差几千米,导致最后的出手价格大相径庭。

彭晓雨,在外资企业的市场部任职,工作六年后有了一定的积蓄,对房产投资非常看好。她在一家中介公司看中了一套面积48平方米、楼层5楼、带厨卫的二手房。尽管这套房子的户型设计不是很合理,但彭晓雨认为,这套房屋所在小区物业管理很好,绿化宜人,更重要的是其地处黄金地段,交通便利……这些优势使其具有很好的投资价值。于是,她毫不犹豫

第二章　把握机会，投资理财

地以7.9万元的价格买下了这套房子。三天以后，她便以850元/月的价格将其出租，可以想到，她从中可以赚取到丰厚的利润。

的确，在投资房产时只有把握住"地利"的优势，才能体现出"寸土寸金"的价值。一般值得投资者投资的地段有：

1.交通便利的地方

交通便利的地段人气最旺，如市中心繁华地段、旅游景点、车站、码头等处的地段地价都很高，但也是最值得投资的地段。

2.人口稠密的商业区

在商业繁华的地区，交易频繁、成交额大，而且有一定的规律性和稳定性。于是，便会引来大批客户进驻，房产价格也随之攀升。

3.学校周边地段

通常商人和服务行业都把学生当作一个固定、有独特性的消费群体。学生不仅需要一些生活、学习方面的消费，而且需要一种交往、娱乐方面的服务，在学校周边投资房地产稳赚不赔，回馈率很高。

4. 近郊区

随着城市的发展,市区不断外延,近郊区的地产便由传统的农业用地变为房地产用地,其地价的飚升是相当诱人的。但要注意,因为近郊区的房产属于计划开发区或临时延伸区,不定因素多,加上由于新开发、交通、通信、物业管理等一时跟不上,房地产成交肯定有一个缓冲期,这些都需在投资前充分考虑到,以免盲目投资,陡生风险。

5. 重大工程建设区

大型基建工程的上马都会带动工程区周边的房地产投资热,因为每一项大型工程都会带动人流和物流的涌动,同时又是一座新城镇、新集市的崛起。所以,大型工程周边的房地产是投资者理想的投资热点。

三、房产种类

如今,房产成为不少人的投资热点,但究竟哪一种房产的投资更能给投资者带来实惠呢?目前,房产投资主要有以下几种形式:

1. 商品房

商品房具有户型好、房产品质较好、房产新等优点,但其缺点也是显而易见的:物业管理费相对较高、价位偏高、如是

第二章 把握机会，投资理财

期房有一定风险。

所以，如果选择投资商品房，除要考虑房价等因素外，还要细算一下扣除每月的物业管理费、取暖费、家电家具的折旧费、房产的月供、房屋出租的税费等其他费用，真正能收入到自己腰包的钱到底有多少，是不是真的收入大于投入。

如果投资的商品房是期房性质，那就还要考虑开发商的信誉、房产的品质、户型、环境、配套设施以及后期的发展等因素。只有真正规避了以上的风险，投资商品房才能真正获利。

2.二手房

一般的二手房面积基本在50～70平方米之间，这是承租人群乐于接受的户型，而且二手房的价格适中，一般有一定经济基础的人群都可以接受，加上政府部门对二手房市场在政策上的放开，所以，近年来，二手房逐渐成为百姓们青睐的投资对象。

不过，二手房相对来说建成时间比较长，大都在10年以上，户型设计比较落后。所以，如果想通过二手房出售来获得收益的话，一定要选择位置优越、户型合理以及小区配套设施完善的二手房，否则会有一定的风险。

3.商铺

投资商铺既可以靠出租来获取租金，也可以自主经营获取

收益。同时，相比商品房和二手房，商铺不会由于房龄长而降低其投资价值。相反，好的商铺会随着周边商圈的发展而不断升值。正因为如此，近期商铺投资市场持续升温。

然而，商铺投资毕竟是高投入、高产出、高风险的行为，在决定投资商铺之前，必须要注意以下几方面的问题：一是要注意选择地段，因为地段的好坏直接关系到商铺的保值、增值的潜力。二是要注意全面了解开发商，因为开发商的实力、信用度、经验等，都直接关系到商铺所处的商业圈能否真正形成。三是投资的商铺不宜过大，一般以40~100平方米为宜，这样的面积可租可卖，投资者经营1~3年即可盈利，万一因经营不善而支撑不住了，下家也比较好找。

第二章 把握机会，投资理财

二手房的投资技巧

有些人不喜欢投资二手房，认为二手房都是一些老房子，一大堆的缺点，而且首付要比新房多一成。殊不知，投资二手房其实是一种不错的选择，原因有二：

（1）成本更低。许多二手房都是带装修的，价格也不是太高，买来就能居住或是出租，省却了不少资金。

（2）贷款宽松。二手房一房一价，在贷款上可做的文章很多。比如中等城市一套一居室的二手房，面积在25～30平方米，房价也就是8万～9万元，如果将房子出手，把合同上的交易价格抬高到12万元，贷款七成就是8.4万元，完全可以做到

零首付,再用租金来还贷。这样操作的话,就算没有资金,同样可以购置多套物业,这种做法给缺乏资金的投资者带来了福音。

当然,二手房投资也不是一项包赚不赔的生意,要想成为二手房投资的赢家,还需把握好以下四大技巧:

技巧一:精心美化,提升价值

郑女士有一套地段和楼层都不错的二手房,准备以46万元的价格出售,但购房者来看房之后,都要求降价。郑女士坚持认为这个价格不高,不肯降价。因此,半年来看房的人络绎不绝,但就是没有成交。

后来,郑女士向一位在房产公司上班的好友请教,好友实地考察了那套房子,发现问题出在装修不到位。在好友的建议之下,郑女士请来装修公司,对房屋进行了美化:把发黄、斑驳的房屋四壁及天花板重新粉刷了一遍,把有点生锈的防盗窗全部更换掉,把缺失损毁的窗户玻璃修补完好,还把灰暗肮脏的楼梯楼道的四壁刮白……

房屋的美化工程完毕后,给人以焕然一新的感觉。结果没过半月,郑女士就轻易地将房屋卖出了,除去装修费外,还比

第二章　把握机会，投资理财

原来多赚了近万元。

的确，不管二手房所处的地段再黄金，楼层户型再好，但毕竟是二手房，要想最大化地提升价值，必须对其进行精心地美化。除了要保证整套房子洁净明亮、室内基本设施完备外，也要关注二手房的外在环境。因为如果只对房屋进行了内部的美化，而楼梯、楼道、单元楼门等外在环境却极差，将会给购房者留下一个楼房居住者素质不高、邻里环境不好的感觉。

技巧二：由购改换，节省契税

陶女士和任女士原本是同事，都在税务部门工作。但税务局分为国税和地税后，陶女士分配在地税局，任女士则分配在国税局。工作单位和上班地点的改变，使两人居住地都远离单位——陶女士住在国税局附近，但远离上班的地税局；任女士则居住地离地税局近，而远离上班的国税局。由于上班路远不便，她俩都产生了卖掉现住房、在单位附近购房的念头。有一天，两人碰面时聊到购房一事，一拍即合，达成了换房意愿。后经评估，两人的住房现值大约都在50万元左右，不久她俩就去房管所变更了房产证。如果陶女士和任女士不是换房，而是各自卖掉现有的房子后再购买，就要按购房价款缴纳3%~5%的

契税。但如此一换,两人都节省了2万元左右的契税。

根据税法规定,城镇职工按规定第一次购买公有住房,免征契税;相互交换房屋,以房屋的价格差价征收契税,交换价格相等时,免征契税。因此,二手房交易别忘了交换这一招。

其实,交换住房不仅适用于双方交易,也可巧用在三方交易中。例如,A想卖掉城西的公有住房并在城东买套二手房,而B在城东正有一套公有住房要出售,C正想购买A在城西的住房。但此种情况如以买卖方式实现各自的目的,就要缴纳2次契税。但如果用交换的方式,A和B之间先交换房产,只要补缴少量的价差部分的契税,虽然C再向B购买城西的房产时要缴纳契税,但毕竟已节约了一笔不少的契税。

技巧三:现房炒作,正确评估

已近中年的李女士是上海人。2001年,国家鼓励购房的政策非常明显,蓝印户口政策、契税减半政策等都让李女士看到了房地产业发展的前景。但如今买房子也要有渠道,不是所有的人都可以买得到自己想要的房子,特别是一手房。自认为没有关系的李女士便凑足了35万元购买了一套二手房,打算做短期投资,半年内就出手。

第二章 把握机会，投资理财

结果一年多过去了，李女士还是没有卖出房屋，因为前来购买的人都嫌她开价38万元太高了。李女士很困惑，投资了不小的一笔，怎么连3万元都赚不到？据她所知，和她一样购买那栋楼房房屋的投资者都能赚到3万元左右。

后经业内人士分析，原来是李女士在购买房屋时没有做好房价的估算事宜，结果被人多宰了1.5万元，这样一来，她出于赚3万元的想法而开价38万元就过高了。

可见，投资二手房，不管是卖者还是买者，对二手房的价格都要正确评估。而要正确评估二手房的价格，可以采用目前最为常用的市场比较法。具体方法如下：首先，挑选三个以上与待交易房产在地段、房龄、户型等方面相类似的市场实例。其次，确定修正因素，包括小区环境、景观、公共配套设施的完备程度、城市规划限制等因素。最后，将这些实例与所要评估的二手房进行对照比较，并就具体情况做出适当的修正，以此来估算所评估对象的合理价格。

技巧四：资金托管，安全交易

去年年初，贺女士的新同事介绍了一位朋友小李前来购买贺女士要出手的一套二手房。双方在价位协商一致后，最终却因彼此不是很了解，产生了不信任——贺女士怕办理房产过

户后拿不到全额款项，小李则担心付款后房产过户手续还办不妥，导致交易暂停。这时，建行的一张关于"百易安"交易托管业务的宣传单为交易带来了转机，贺女士和小李通过银行的交易资金托管业务成功安全地完成了二手房买卖。

在二手房的交易中，凡是涉及大额资金转移或者权益交割与资金转移存在时间差的交易，如果交易双方互不了解，或互不信任，都适合选择银行的交易资金托管业务。具体做法是：作为交易双方都能接受的中介方——银行，接受托管交易资金，保管权益证明等相关文件，当交易双方履行交易合同、实现了约定的条件后，银行按协议约定在双方授权后，协助完成交易资金和权证的交换，以保护双方的利益，促成交易的安全、顺利进行。这样做可给当事人带来三个好处：一是确保了交易的安全；二是存放在银行的交易资金在交易期间可获得存款利息收入；三是选择银行的交易资金托管业务的手续费远远低于市场上中介机构的收费，且操作极为简便。

有选择地投资商铺

俗话说:"一铺养三代。"与其他投资不同,商铺具有两种增值手段:一是转租。一般而言,投资小型商铺的租金收益,绝对高于把钱存入银行的利息;二是自营。如果所选择经营的商业服务,例如餐饮、洗衣、便利零售、美容美发、音像销售等,符合本物业及周边物业住户的需求,稳定的客源和较高的收入是不成问题的。

另外,好的商铺价格不会因为房龄长而下降,反而会随周边商业氛围的培育成熟而向上波动。换句话说,商铺越用越升值,住宅越用越折旧。所以,好多投资者都将投资目标锁定到

商铺上。

或许有些人,尤其是年轻人会觉得投资商铺投入比较大,不适合自己来做。其实,不是所有的商铺都是这样的,有几种商铺还是比较适合我们来投资的。

第一种:社区商铺

吴女士原本有一份稳定的工作,但结婚生子后家庭琐事很多。为此,她那收入颇高的丈夫便劝她干脆不要上班了,而吴女士也想把更多的时间用在相夫教子上。但是整日待在家中,日子久了,难免有些无聊。看着年年上涨的房价,吴女士有了投资房产的想法,于是她开始留意房产广告,去年她就看中并投资了离家不远处的一间社区店面,她认为社区店面虽然利润没有繁华商圈高,但是投资总额低,而且收入稳定。最近,她又看好同样地段的另一间店面,准备投资。

社区商铺一般都在住宅社区里面,主要是为了满足社区居民生活而建造的,一般以中小类型为主,这种商铺的特点是经营灵活、客户群比较稳定、投入成本相对较低、升值潜力比较大。即便如此,在投资社区商铺时仍需注意以下几个问题:

一是要注意社区的地理位置,例如它的周边环境如何,是否与大的商城承接，开发商是否还将在周围继续建设产，等等，做到心中有数，才可以大胆地投资。

二是要注意社区居民的入住率，如果入住率很高，不仅会推动市场购买力，从而可以获得很大的盈利，同时也会吸引求购者和求租者聚焦的目光，无形中就提高了商铺的租、售价格。

第二种：地铁商铺

苏珊在北京一家外企工作，收入不菲，工作没几年，就有了一笔不小的存款，她本想拿来做投资，可一直没找到合适的投资项目。

有一天，苏珊的闺中好友找到她，说在南三环附近看上了一家靠近地铁的商铺，想和苏珊合伙买下来，并准备拿来开一个小服饰店。

出于慎重起见，苏珊首先对那家商铺的周边环境做了非常具体的考察，发现这里的商机的确很好，有很大的升值空间，将来的人流量会非常大，而且周围有很多的新楼盘在建筑中，于是苏珊果断地和好友买下了一个店铺。

接下来就是考虑做什么方面的投资，苏珊考虑到如果像好

友说的那样投资到服饰品当中,两人都没有这方面的经验,而且对于进货渠道,如何吸引顾客等营销手段又不是很在行,而且两人现在都有工作,如果开张后还要投入人力物力,自己来做怎么都不是很合算。在客观地分析了这些后,苏珊说服了好友,两人最后决定还是把商铺转租比较划算。

随后,两人打听了该地区商铺的租金等各种情况,又贴出了转租的广告,很快就与一商家谈妥。一年后,承租者把生意做得非常红火,而苏珊也得到了非常可观的租金收益。

地铁商铺交通非常便利,人流非常旺盛,升值空间很大,再加上投入也不是很大,而且在自己不想经营的时候,也可以很容易地转租,所以一向都被投资者所关注。

不过,这类商铺的人流量虽然比较大,但很多人都是上班一族,匆匆而过,他们很少会在周围购物,所以,如果你不是转租,而是拿来自己做经营的话,就要想办法把这么大的人流量转化成效益才行。在此建议你可以投资经营书刊、饮料、美食、家居、服饰、文化用品等行业,因为地铁商铺属于一个消费型商业圈,应该主要以服务与购物为主。

第三种:商业街商铺

第二章　把握机会，投资理财

武汉市的宋女士27岁结婚，与丈夫一起创办了一家中型企业，如今已是事业有成、家庭美满的贤妻良母。几年前，她花50万在武汉的商业街汉正街购买了一个商铺，接着又以高价转手出租给了一位广州客商。由于投资到位，至今收益颇丰。宋女士的丈夫也非常支持妻子的投资，他说："与投资住宅相比，商铺的投资回报更高，有了这个商铺，将来老了也不怕没人养。"

商业街商铺的商业氛围相对浓厚，客流量稳定，投资回报率也很高，一向是投资者最理想的投资目标。

商业街商铺分为专业商业街商铺和复合商业街商铺。

（1）专业商业街商铺：往往集中经营某一类（种）商品，如建材商业街、汽车配件商业街、酒吧街、休闲娱乐街等，北京三里屯酒吧就属于专业商业街商铺。

（2）复合商业街商铺：对经营的商品不加确定，经营商品类型复杂，如北京的王府井商业街、上海南京路都属于典型的复合商业街形式。

比较这两种商业街商铺，建议手中资产不很多的女性朋友最好选择专业商业街商铺，因为这种商铺比较适合个人投资

者,它的出售面积较小,所需要投入的资金不是很大,投资风险相对较低,如对外出租,收益也还可以,有较大的升值空间。

不过,无论是投资哪种商业街商铺,都必须注意以下几个问题:

一是要认真参考市场上的价格,看看周围的商业网点布局和数量,然后再确定是否投资。

二是要尽量抢占有利位置。有利的位置能给你带来意想不到的收获,但也要注意市场动向,以便适当地做一些调整。

三是要慎重选择商铺的楼层,这对商铺价值有很大的影响力。在相同的地段内,一层的商铺无论是租金还是售价,都会比二层、三层的同等面积的商铺高出很多。

四是要考虑可视性因素,即商铺在平面、立体范围内,能最大限度地被消费者看到的比例。

收藏要理性

股票市场跌荡不定,房地产市场价格又面临政策风险,收藏市场表现非常红火,投资各种藏品的回报率很高,使得各类投资人和收藏爱好者纷纷涌入这个领域。一些人看到别人搞收藏赚了钱,便也向亲朋好友借钱,急功近利地依样画葫芦,想一口气吃成个大胖子,结果往往适得其反,不但钱没赚到,还亏得连本都赔进去。

其实,对于一个刚刚起步的收藏品投资者来说,其投资行为一定要做到循序渐进,等有了相当的经验和经济基础后才可放大投资的步伐。

第一步：有选择地投资藏品

据统计，目前我国收藏品的种类多达500多种，字画、陶瓷、家具、铜器、玉器、竹雕、奇石、像章、古籍善本、邮票、钱币、磁卡、鼻烟壶、香炉、紫砂、海报、创刊号、老照片、象牙雕、连环画、烟标、火花等五花八门、包罗万象。

不过，对于初涉收藏的人来说，刚开始时不要贪多求全，什么都收藏，而应选择一两样自己较为熟悉的藏品来投资——要么瓷器，要么书画，这样才能集中精力，仔细研究相关的投资知识，找出一条适合自己的投资途径，最终就有望获得理想的投资收益。

当然，人在选择收藏品时还要充分考虑自身的资金状况和支付能力。如果资金有限，一开始时根本无力问鼎那些价值上万元的藏品，那不妨选择一些普通的大众收藏品进行小投资，比如先花数千元，买一些价格较为稳定的熊猫银币和JT小型张精品，即使亏了也能自己承担，借此过程提高自己的鉴赏能力和投资水平。然后，再进行大一点的投资，如花上数万元，买一些较有艺术水准的收藏佳品。这个时期应该为自己的关注的藏品建立资料库，即掌握相关的拍卖行情，了解相关的收藏知识。最后，等有了数万元的投资经验之后，再考虑向更大的投

第二章 把握机会,投资理财

资进军。这就好比先买一套小房子,收入高了,换套大点的,最后才买最大的。

另外,由于现在有些收藏品的价格是物非所值。所以,在选择收藏品时还要充分考虑购买收藏品、保管收藏品和出售收藏品所付出的各种费用,正确估算收藏品的投资净值。只要物有所值,就可大胆买入,而不能只图便宜,单拣价格低的买入,更不能盲目跟风,轻易吃进,否则到头来不是让人捡了漏就是高价买了垃圾。像1995年面世的一种六张一套的电话磁卡,原价300元,两年后炒到3000多元,一些没经验的投资收藏者盲目跟进,花数万元买进,结果亏损达2/3。

第二步:学会鉴别藏品的真伪

收藏品的真伪是最主要的投资条件。时下,由于代笔、临摹、仿制以及故意伪造,各种收藏品的假货严重充斥着收藏市场,特别是一些价格较高的藏品假货更多,鱼目混珠,让你防不胜防。若在收藏品市场上花大钱买回这些假货,不但失去盈利机会,可能连本也得赔进去。

吴女士是一所中学的历史老师,退休后爱上了收藏,但又缺乏收藏品的鉴别知识,被卖假者用演双簧伎俩骗取信任,以20000元买下一枚"蓝军邮"珍品,以为捡了便宜。后经专家鉴

定,原来是枚假邮票,分文不值。对吴女士来说,2万元可不是一个小数目,而是她多年的积蓄,所以,此时的她可真是懊恼不已。

纵观当今收藏市场,一件件、一堆堆赝品假货确实已经到了泛滥的程度,这些赝品假货像恶魔一样在造就了无数个富翁的同时,也使无数痴迷收藏者倾家荡产。所以,投资收藏者需学习鉴赏知识,才能获利。

那么,对于初涉收藏市场、收藏知识相对不足的投资者来说,怎么学习鉴赏知识呢?一开始,应根据自己的兴趣,阅读、研究有关资料,多逛逛市场,经常看看展览,参加些拍卖会,多看、多听、少买,慢慢培养一定的鉴赏能力。有机会还要多结交一些志同道合的朋友,互相切磋提高,在实践中积累经验,不断提高鉴赏水平,逐步变为行家里手。

此外,如果收藏者对自己将要收藏的藏品知之不多,或进行大宗、高价的收藏品投资时,非常有必要请专家帮助鉴别真伪。

第三步:掌握保管藏品的知识

保管是影响收藏品价值的重要环节。以瓷器为例,如果稍有不慎,失手摔落,就会变成分文不值。同样,邮票、书画

第二章 把握机会，投资理财

等艺术品的保管难度也很大，如果有折痕、破损、泛黄、褪色等，其价格肯定会大打折扣，甚至无人问津。因此，收藏品投资者必须掌握对藏品的保管知识，这是藏品得以长期保存、不断升值的基本条件。

由于收藏品种类繁多、质地不一、性能有别，因此，对它们的保管措施也是不一样的。

书画作品要进行装裱，并且在卷紧之后，装在纸盒内。同时应注意防潮和低温。若有霉点、虫蛀点，应送到文物保护技术部门进行处理。

挂在墙上陈列的油画应挂在光线柔和之处，不能强光照射，但也不能完全没有阳光，尤其不能靠近炉子和其他采暖设备放置，因为这极易导致油彩的融化。同时，在挂之前，应事先在背面涂上一层不透水的聚乙烯薄片，并用聚乙烯胶带粘封，以防因湿度的变化而发生翘曲。

石质艺术品比较耐久，对光线也不敏感，置于一般的居室中便可以长久保存。对于雨花石等观赏性石头，一般人爱将其浸在水里，但有些地区的水质碱性较大，需稍加些食用醋中和。

金器应保存在托盘上、套子里、垫棉花的盒子里或者放在

小袋子里，勿使互相碰撞或受到挤压，以免机械损伤。

银器对光不敏感，耐低温，但易受含硫物质的浸蚀，变成晦暗色，同时也易受氯化物腐蚀，形成角银（氯化银），宜放在空气洁净的地方。

瓷器为易碎品，最好放在橱、柜或纸箱、木箱内，防挤压、防碰撞或摔碎，同时要注意经常对其清洁保养。

陶器一般是多孔性的，可吸收大量的水分，气温若骤冷骤热，时干时湿，对其长期保持良好状态不利，因此应放于干燥常温的地方。

青铜器应放置在比较干燥的地方保存，在保存时需采用5%碳酸钠溶液浸泡、氧化银封闭法、金属缓蚀剂等对其进行保护性处理，以保护它的稳定状态，避免各种氧化反应。

漆器、木器和竹器要避免保存在过于潮湿和过于干燥的环境，潮湿易于滋生霉菌，干燥易使物品开裂。同时要注意防虫和杀菌，以防止虫蛀。

骨、象牙和角制品（牛角、鹿角等）有较好的抗袭、抗压和抗折性能，但当遇到热力和潮湿的变化时，容易导致弯曲。所以，要在干燥低温的环境中保存，同时，要避免接触酸、碱类物质。酸、碱类物质对骨蛋白有腐蚀作用，酸性作用还会使

骨质松散，必须加以注意。

琥珀是一种树脂，应避免接触醇类和醚类试剂，同时万不可使其接触高温。因为琥珀遇高温（120～130℃）时容易变软，性质脆弱，常有裂隙。裂隙中的水一经冻结，再经膨胀就会酥裂。

玳瑁、螺钿（贝壳）、珊瑚类器物常以装饰品形式出现，其主要成分是白垩（碳酸钙），易被酸分解，故应避免接触酸性物质。

皮革制品保存时可用甘油、羊毛脂、蓖麻子油等加以保护，同时要将其放在蔽光防潮处。因为光线特别是紫外光线对皮革有破坏作用，而潮湿则易使皮革生霉、腐败。

丝、毛、绵、麻织器以及人造的合成纤维制品如人造丝、人造毛、人造棉等，均由有机物质组成，在保存时应注意防霉、杀菌、杀虫。如果在织物上发现有轻微霉菌，可以用软毛刷刷掉，然后在阴凉通风处晾晒，以阻止霉菌的蔓延。如果霉菌蔓延很宽、很深，那就应当消毒杀菌。

适合女性投资的藏品

对于女性而言,除了资本市场的投资之外,收藏字画、邮票、珠宝以及古董等都是很好的投资方式。这类投资不仅风险小收益大,而且可以自娱自乐,陶冶情操,修身养性,只要女性独具慧眼,注重观察、收集,并掌握一定的收藏知识,就能让自己的投资获取丰厚的回报。

1.字画

任菲的父亲是大学教授,对字画颇有研究,受其影响,任菲从小就对字画有着浓厚的兴趣。大学毕业后,任菲找到了一份薪水颇丰的工作,很快,她在银行的存款里,就有了一笔不

第二章　把握机会，投资理财

小的数目。

有了余钱，任菲就想到了投资。投资什么呢？股票吗？任菲对那不感兴趣，也不想去股市冒险。这时，任菲从网上看到了关于投资收藏字画的介绍，于是，她就把投资目标锁定在收藏字画上。

不久后，任菲在北京一个古玩市场看到一幅字，摊主开价2万元。任菲仔细研究了一下，认定是名家真迹，2万元绝对物超所值。但任菲按捺住内心的狂喜，不露声色地说："这幅作品画得一般，不值2万，便宜点卖吗？"摊主看了看她说："这样吧，1万元卖给你。"就这样，任菲用1万元买回了这幅字。时隔3年，任菲在一次拍卖会上以7.8万元将其抛出，增幅7倍多。

字画收藏是一种比较风雅的投资，它可以提高女性的鉴赏能力和文化修养，而且字画属于不可再生品，购买后很少有贬值的，所以风险比较小，具有巨大的投资价值。

但并不是什么朝代、什么人的画都具有投资收藏价值，而且现在字画赝品越来越多，这就需要投资者具备很好的眼光和专业知识。尤其是在投资购藏一幅名家作品之前，一定要了解

这一名家的绘画技巧、艺术风格,还要了解他的习惯用笔用墨用纸以及他的印章,如把握不准,尽可能请行家鉴定并参谋。毕竟谁都不想花费重金买了一幅赝品回来,而造成血本无归。

2.邮票

1980年1月,中国邮政推出了新中国以来的第一张生肖邮票——猴票。猴票的版面是红色的,翁倩倩属猴,心想或许本命年沾沾红色,自己的运气会好一些,于是从不集邮的她便买了几版,却遭到家人的极力反对,父亲还为此"黑"了大半天的脸,但翁倩倩坚持要买,就为一个喜欢。

没想到,这几张邮票还真的给翁倩倩带来了好运。1985年,翁倩倩想自己做点小买卖,可又腾不出资金。思前想后,她拿出了4版猴票转让,得了近万元,然后像模像样地做起了服装生意,随后又开起了饭馆。虽然生意并没赚到什么大钱,但翁倩倩手里的猴票却以孙悟空翻筋斗的速度疯涨。1998年,她因生意亏损需要资金周转,又下狠心卖了3版,获得了70多万元,剩下的5版依然被她攥得紧紧的。

相比古董字画,邮票投资不很大,回报率较高,更易于兑现获利,加上邮票也给收藏者带来视觉上的高度愉悦感,所

第二章 把握机会,投资理财

以,这是比较适合于女性投资的一种方式。不过为了确保投资收益,女性在投资邮票时还需把握好以下几点要求:

首先,一定要仔细观察邮票的品相如何,这是确保投资收益至关重要的一点。因为品相上的差异,决定着投资安全系数的高低。比如说,品相好与不好的"庚申年"(猴)邮票,在价格上会存在着非常大的差距。

其次,一定要充分考虑邮票的题材。具有良好题材的邮票,往往会成为行情的直接发动者,并且在行情中扮演着举足轻重的角色。比如说,2001年是以"奥运"双连小型为代表的悉尼奥运会题材;2004年是以"甲申年"大小版张为代表的生肖题材;而2005—2006年是以"会徽"小版张为领头羊的北京奥运会题材。收藏者在选择品种上之所以要讲究针对性,就是因为题材这个因素决定着收益的高低。

最后,在投资收藏某个邮票品种的时候,应当尽可能地了解该品种的流动性怎样。一般来讲,老纪特、1974—1982年等邮票的流动性相对较差,适宜进行长期收藏,其回报还是可以的;而绝大多数新发行的小版张的流动性较高,比较适合投资,倘若进行纯粹收藏的话,会存在着较大的风险。

3.珠宝

智慧理财

　　20世纪70年代，法籍华人成之凡女士在逛巴黎市场时，发现一种售价便宜的银制发卡，制作于1900年。这种发卡式样像白菊，是日本人所喜爱的。她一口气将巴黎小店中出售的这种发卡全部买下了。当时，不少人对她的这种做法很不理解。后来，巴黎收藏家们终于发现了这种发卡的价值。四处探访，高价索购，这些发卡顿时成了宝物，成之凡也借此发了一笔大财。

　　珠宝广义上可分为宝石、珍珠、黄金、白银等制品，具有稀有珍贵、不断增值的特性，既可佩戴、玩赏，又可保值或投资，确实是一个很好的收藏门类。正所谓"黄金有价，珠宝无价"，而且出于天性，女人对珠宝尤其热爱，投资收藏珠宝也是非常适合的。

　　但珠宝属珍稀之物，在选购收藏时，要具备鉴识真伪的能力。一是应该对所选购珠宝的知识有一定了解，尽可能地在选购前多阅读一些有关资料，请教有关行家，调查市场行情，做到胸中有数。二是应在信誉较高的商店选购，一般不要在旅游点上购买，尤其要谨防一些导游或商家的误导。三是价值较高的珠宝应该要求商家出具由国家专门机构鉴发的珠宝鉴定证

第二章 把握机会，投资理财

书，以确保珠宝的质量。

除了以上谈到的真伪、优劣问题外，在购藏一件珠宝时，还要充分考虑到该珠宝的价值、款式、成色、流行风俗等可能的变化。在未搞清同一物品在各处的不同价值之前，不要盲目购入。

4.古董

60多岁的张阿姨退休前在中学教历史，在她家附近有一个古玩市场，退休后，她因闲来无事，便经常来这里闲逛。由于张阿姨精通历史，再加上她向老专家学习过古董鉴定知识，所以，她很快就在古董投资中上了路，还经常在古玩市场"捡漏儿"。有一次，她花几百元买了一件战国时期的双龙图案的宝玉，一看拍买会上，与她一模一样的玉，拍价200万元。如今，张阿姨家中的古董藏品足够她与老伴支付一切开销，过上无忧无虑的富裕生活。

古代的陶瓷、家具、摆设，乃至钱币、衣物等都可称古董，因其年代久远、日渐罕见而成为珍品，增值潜力极大。对于有意投资收藏古董的女性投资者来说，张阿姨的成功经验，至少给了我们以下两点提示：

1.投资古董要看其稀少程度

一般来讲,稀少程度是和年代相关的,越远古的东西留传下来的数量就越少,先秦的东西比清朝的东西值钱的原因就在于少。除年代外,还可以从作者、地域等多方面考察所要投资目标的稀少程度。

2.投资古董洞悉力要足够强

洞悉能力足够强就可以先于别人发现一件物品不为人知的优点和价值,从而有助于以很低的价格买进,也就是说要善于"捡漏儿",一旦等这件物品的价值大放异彩的时候,投资者便会从中得到丰厚的回报。

总之,囤肥居奇自古以来便是商人的制胜武器,也是收藏品投资者挣钱的不二法门。但是,识别什么是"肥""奇",投资者可得要有独到的眼光、深厚的专业知识以及丰富的实践经验,否则,就会误购伪品,结果事与愿违,付出高昂的代价。

第三章

理性计划,消费理财

第三章 理性计划，消费理财

女性购房须知

从心理学角度讲，女性比男性更需要安全感，需要平稳而丰富的生活，同时也比男性更渴望买一套属于自己的房子来细心经营生活。正因为如此，近年来，女性购房大军的比例逐年提高。不过，作为一生当中最大的一笔消费——购房，并非只是"付钱"这么简单的事，而必须把方方面面都考虑到再决定。

王恬是一位28岁的单身白领，由于工作忙，没时间交男朋友，也没有经济上的需要。有一天，王恬偶然看到一处广告，城市某郊区新开发了几栋小户型单身公寓，面积40平方米的一居室单价2500元/平方米，算下来首付才2万元，月供也不到

1000元。虽然王恬工作已有4年，但经济实力毕竟还很有限，因此觉得这是个不错的选择，于是匆忙跑去买了一套。搬进新房之后没多久王恬就发现，住房位置过于偏僻，上下班的交通费就是一笔不小的支出，而且周边配套措施不全，生活很不方便。于是，她只好在靠近市中心的地方租了一间房子，郊区的房子因位置不佳，空置三个多月还未能出租。

房子作为一种特殊的商品，其价值较大，往往动辄几十万元，几百万元，甚至几千万元。对于广大购房者来说，能在买房过程中省钱，避免多花钱是很重要的。然而，买房也绝不能只贪便宜图省钱，其中要考虑的因素很多，如果不想后悔莫及，便须注意下列事项：

一、了解开发商的实力

购房毕竟是件大事，女性朋友在购房前要通过种种途径了解开发商的实力，最好是选择有实力的开发商。一些开发商虽然挂的是国有或合资的大招牌，实际上是个人所有或个人承包，完全靠购房者预付的购房款完成楼房，女性朋友尽量不要选择购买这类开发商开发的项目。同时，在购房前还应审查开发商的营业执照、经营范围，要求其出具国有土地使用权证、建设用地规划许可证、商品房预售许可证，因为这三个证件是

办理产权证的必要条件，缺一不可。

二、看准房子的地段

通常开发商为吸引购房者，往往把所开发的房屋地段位置说得过于优越。因此，女性在购房时不要受广告诱惑，而要实地考察，看其地段、交通环境如何，最好将居住地点选在离工作区域3千米范围内。或者，选在城铁、地铁沿线以及交通环线周边区域内，最为理想。同时还要到国土部门了解城市的规划。因为有些地段目前较偏，但随着城市的发展，可能只需两三年的时间就会变为繁华地段；有些地段现在很旺，但未来可能因为一个立交桥便使其优势不复存在。

三、看户型是否合理

购房时，看户型是否合理十分重要。合理而良好的户型朝向好、采光好、通风好，能很好地调解人的心理素质与生理变化，使人心情舒畅、工作起来更加有干劲。一般来说，合理而良好的户型具备以下几个要素：

1. 入口有过渡

玄关的存在，便于主客更衣换鞋。

2. "动静"分离

餐厅、客厅和卧室最好自成一体，互不干扰。

3.房间规则

客厅的设计应宽敞明亮，厅内不宜开门过多，房间的进深与开间之比最好不要超过1.5∶1，以便于家居布置。

4.采光率高

一些楼层较低，或者南向窗户面积很小、开在深凹槽里的住宅，往往难以获得有效日照，购房者最好能抽出时间，在早晨和下午，对其日照和采光情况进行考察。

5.通风情况良好

如果居室有南北两个朝向，可以享受过堂风，可能比所有居室都朝南，但没有过堂风的要舒适。一般来说，板式房的通风效果较好。

四、房屋细节不能忽略

除了看户型是否合理外，购房时还应先到售楼公司索取有关资料，实地对所购物业的面积、质量、结构、配套设施、装修标准以及物业管理情况等一一核对。同时应注意将房屋细节检查仔细，如天花板有无漏水的痕迹，管线走向是否安全、合理，屋内水、电、煤等设施是否完好。

五、邻里情况持须了解

好邻居会让你生活愉快，特别是对容易敏感的女性而言

第三章　理性计划，消费理财

更是十分必要的。可以通过以下方式进行判断，如在不同的时间在社区内看人来人往，通过衣着和生活规律判断人的社会层次；拜访上、下、左、右的邻居，了解他们在此居住是否顺心；与居委会或者传达室的值班人员聊天，了解情况等。

六、谨防虚报价格

开发商往往在广告显眼位置标上一个令人心动的价格，而在角落里标明"价格不包括审批费、配套费、绿化费等"。就这一个"等"字内涵丰富，令不少预付房款的人始料未及，结果实际支付的款项大大超出购房预算。女性在购房时应切记：一般房价不包括公证费、《土地使用权证》和《房屋使用权证》的工本费、管理费、土地合作费等费用。

七、勇于货比三家

女性在购房时一定要拿出买衣服的劲头来，货比三家。当然，房子并不是越便宜越好，关键是要看性价比。一般来说，性能越好的楼盘价格越贵。因此，女性购房者在看中了某套房子后，应当对同一区位、同等档次楼盘的价格和性能进行比较。同时要分清楚，哪些性能是必需的，哪些是对自己影响不大的，要避免为了一些用处不大或者华而不实的卖点，负担不必要的支出。有些开发商会宣称所开发的房子采用了新工艺或

技术，推出节能、生态等概念，女性购房者要搞清楚这些技术的成熟度，是否经得起市场检验，能否达到预期的效果。

八、把房价砍到底价

目前商品房的销售价格，大致可分为底价、表价和成交价3种，底价是开发商自己或者是委托销售公司销售的最后底线价格；表价是开发商做广告对外所宣称的价格；而成交价就是购房者和开发商经过协商以后签订购房合同时所确定的价格，在底价和表价之间每平方米相差可能有几百元之多。

如果购房者不善于砍价，用表价来作为成交价，这样即使购房合同签订得再详细，补充协议签订得再多，你实际上还是吃亏了，只不过在表面上维护将来可能发生也可能不会发生的利益。如果购房者善于砍价，用低于表价，甚至低于底价的价格来作为成交价，才是真正得到了实惠。即使在签订合同时不违背基本原则的情况下做出一些小的让步，也不失为明智之举。

要把房价砍到底价，要从挑剔房屋着手，如对公共设施的计算、相关管线的设计、营建成本等方面提出合理的看法；或者是对小区绿化、房屋朝向、电梯数量等挑出合理的毛病后，开发商才有可能做出进一步让价的考虑。不管怎样，购房者提出让价的要求后，要做到成交价一定要低于表价，至于成交价是否接近底价，甚至低于低价，就要看购房者个人谈判水平和楼盘销售情况了。对于热销楼盘，开发商一般不会考虑让价的问题，而对于销售状况一般或者是滞销的楼盘，购房者不妨用上述办法一试。

九、明确违约责任

当购房者与开发商谈妥房价以及其他相关事宜后，双方就要签订合同了。为了防止女性购房的"感性"精神泛滥，在与开发商签订合同时应写明交房日期，同时注明通电、通气、通车、通水、通邮等条件，并标明双方的违约责任，如悔约责任、违约金款项、逾期付款责任、滞纳金款项及其他违约情况等，这样有利于避免纠纷的发生。

用银行的钱买房

"我想有个家,一个不需要多大的地方。"这句情真意切的歌词曾引出多少人由衷的感叹,道出多少人渴望的心声。拥有一个属于自己的家,拥有一套属于自己的房,又是多少女人一生都在追求的梦想。

然而,房子作为一种特殊的商品,其价值较大,往往动辄几十万元甚至上百万元,这对于工薪阶层的女性而言无疑是一个天文数字。因此,越来越多的女性开始加入贷款买房这支庞大的队伍中。花银行的钱,圆自己的住房梦,已成为一种时尚。

陈莉24岁大学毕业之后就进入一家IT公司担任工程师,月

第三章 理性计划，消费理财

薪7000元，是她的同学当中的佼佼者。

工作4年后，陈莉有了自己的一笔9万元积蓄，于是决定购买自己的住房。因为平时月薪较高，买东西也养成了大手大脚的习惯，对于买房，陈莉也就没有很好地规划，毫不犹豫地就在自己单位附近买下一套总价格70多万元的精装修的房子。交完首付10%，她贷款60多万元，将还贷期限限定在了15年，月供4500元以上。

刚住进自己的新房，陈莉感觉非常幸福，毕竟终于拥有了完全属于自己的住房。当同学、同事前来参观她的房子后，也都对她的新家赞不绝口，她的心情自然十分愉悦，人也就飘飘然起来。

可是随着每个月的还贷，好日子似乎离陈莉越来越远了，虽然她的工资收入不菲，但是交完月供，便只有不足3000元在自己手里支配。而这剩下的钱，还要用来支付水、电、煤气、物业、电话、电视、饮食、出行等基本费用和其他一些零零碎碎的开销，再加上她以前养成了大手大脚花钱的习惯，不懂得精打细算，于是，她每月的钱几乎都被用光了，有时候甚至入

不敷出，这就让她过上了每个月下旬就要惦记下个月发工资的日子，不敢旅游，不敢经常出去消费，就连品牌时装也不敢再买了……她的生活质量一下子下降了许多，她开始后悔自己的这种超前消费行为。

1年后，陈莉终于打定主意，不再过这种房奴生活，她要学会享受生活，不能让自己的花样年华被这套房子压得失去了意义。于是，她在可以跨行转按揭的银行卖掉了房子，没赔也没赚。

拿着手里的15万，陈莉这次仔细地分析，终于买到了一套400多平方米的房子，虽然离单位稍远一点，但交通比较方便，物业费也便宜，月供降到了2000多元，陈莉终于松了一口气。

虽然选择贷款买房已成为一种流行的消费方式，但女性也要根据自己的经济状况恰当地选择贷款方式、贷款数额和期限以及还款方式。如果自不量力，超过偿还能力的"警戒线"，在日后漫长的还款岁月中，就有可能沦为房奴。

一、选择贷款银行

一家服务与价格两相宜的银行能够在客户的购房还贷过程中起到举足轻重的作用。目前，各家银行在首付比例、贷款期

限及贷款利率3方面都有选择空间,特别是各自都有针对不同群体个性化的个人贷款方案组合。即使部分客户已在银行办理过个人住房贷款,也可以通过部分银行已经开办的转按揭服务将住房贷款业务转入更适合自己的银行,从而享受到全方位的房贷金融服务。

二、选择贷款方式

目前,各银行个人住房贷款的贷款方式主要有两种:商业贷款和公积金贷款。而不同的贷款方式是针对不同人群设计而成,所以,对于想要贷款买房的女性来说,不妨参照下表认真分析比较这两种贷款方式的利弊,根据自己的经济状况和收入结构来做出最终选择。

三、把握贷款数额

在现实生活中,一些年轻女性生活讲究品质、喜欢攀比,看到身边的人一个个相继买了房,自己就再也按捺不住了,于是便不顾手中存款有限,也贷来巨款买房,结果增加了自身的还款压力,使自己以后的日子过得紧巴巴的。

买房不是买面子,而是买一种健康美好的生活状态。如果不量力而为,把它弄成了自己的一个沉重的负担,影响生活质量,就有所不值了。何况,世事难料,一旦收入下降或者发生

其他变故的时候,你是否还有能力承担这么高的债务?

因此,对于那些目前手中存款有限的女性而言,在申请个人住房贷款时,一定要分析自身的家庭结构、工作性质、收入状况等,把握好个人的贷款数额,以避免自己在日后漫长的还款岁月中沦为房奴。比如,年轻女性在贷款买房时,要考虑自己工作的稳定性,以及对未来几年结婚、生儿育女的支出等预算;中年女性要考虑今后收入是否还有上升空间,同时对父母的健康和子女的教育支出也要通盘考虑。

四、算算贷款期限

贷款买房不仅应把握好贷款数额,同时也应该算一算贷款期限。现在,很多人都愿意贷款年限长一点,因为这样可以降低月还款额。这种做法应该是没有错的,但需要注意的是,这种做法在贷款期限较短时效果比较明显,但期限长了就不同了。

例如,贷款20万元,如果贷款期限为10年,每月需还款2180元,还款总额为26万元;如果贷款期限为20年,每月需还款1380元,还款总额为33.2万元,比10年期多出7.2万元。而且,如果你是在30多岁时贷款购房,20年后50多岁,已接近退休年龄了,如果再延长贷款期限,一旦进入退休阶段,将无

第三章 理性计划，消费理财

法承担较高的还款压力。再者，国内的贷款利息是浮动的，现在是低利率时期，但不排除将来有升息的可能，期限越长，利率波动的风险越大，因此专家提议，购房贷款还款期限一般在15~20年为宜。

五、选择还款方式

在贷款买房时，还款方式的选择也是不容忽视的，这将直接影响到房贷者利息的支出。目前，各银行个人住房贷款的还款方式，除了期限在1年以内(含1年)实行到期本息一次性清偿外，基本上有以下4种：

1.等额本息还款方式

是按照贷款期限把贷款本息平均分为若干个等份，每个月还款额度相同。

2.等额本金还款方式

每月归还的贷款本金不变，但利息逐渐减少，即每月归还的本息总额逐渐减少。

3.等额递增还款方式

把还款期限划分为若干时间段，在每个时间段内月还款额相同，但下一个时间段比上一个时间段的还款额按一个固定比例递增。

4.等额递减还款方式

与第3种方法相反,即每期还款的数额等额递减。

尽管这4种还款方式没有本质的区别,但由于计算方式的不同,贷款人每个时间段所需还款的数额还是有差异的,以贷款30万元(利率5.508%),贷款期限20年为例:

采用等额本息还款方式,月均还款2065元(假定利率不变);

采用等额本金还款方式,前6个月的还款额分别约为:2627元、2621元、2616元、2610元、2604元、2598元,而最后一个月(第240个月)的还款额为1264元;

采用每6个月递增25元的等额递增还款方式,第1~6个月的还款额均为1667元,第7个月开始增加25元,即7~12月每月还款1692元。依此类推,第240个月还款额为2642元;

采用每6个月递减50元的等额递减还款方式,其第1~6个月的还款额均为2860元,第7个月开始减少50元,即7~12月每月还款2810元,以此类推,第240个月还款额为910元。

所以,女性在贷款买房时,应根据自身情况,选择合适自己的还款方式,使每月还款额与自己的预计收入相匹配。

比如,对收入中等但未来的收入预期会稳步上升的女性(主

第三章 理性计划，消费理财

要是年轻女性)而言，除了付按揭外，还要考虑日常的生活开销、教育投资以及将来的婚姻筹备费用等，因此，最近几年还款压力不应该太大，可以采用等额本息还款法或等额递增还款法，并且贷款期限最好适当长些。

对于目前收入较高，但未来的收入预期会下降的女性(如部分垄断行业从业人员、未来几年将离任的企业高管等)而言，前几年还款压力可以相对大些，因此，选择等额本金还款法或等额递减还款法更合适。

精打细算巧装修

海婷，32岁，未婚，现在她已在外企工作了八年，业绩斐然，春风得意，人民币也积起了厚厚一叠。这时，身边的朋友相继买了房子，构筑起了自己的小巢，让她看了煞是羡慕。不久，她左挑右选之后，在市区临水的公园边买了一套房子。

"终于有了自己的新家，多好啊！"海婷在兴奋之时，决定请最好的室内装潢设计师来装扮自己的新家，她告诉设计师，只要能让我的房子像座小宫殿，费用不成问题。在装修的那些日子里，她每天兴奋得夜不能寐，她躺在旧房子的床上觉得自己马上就要变成公主了。

第三章 理性计划，消费理财

两个月后，海婷的"小宫殿"终于竣工了，当设计师把账单递到她手上时，那个严重超出她想象的数字如巨石般劈头盖脸地砸下来，单单一个地毯就要用去她一个月的薪水，为了这笔装修费她要早起晚睡地奋斗三年，她觉得自己一下子从宫殿的公主变成了宫殿的奴隶……

或温馨舒适，或富丽堂皇，一个家的装修风格体现了一个女性的持家风格和性格特征。但对资金并不是很富足的女性来说，房子装修的开支的确是一笔不小的数目。因此，也要仔细拨拉拨拉小算盘，把装修的账先弄个门儿清，再心知肚明地下手，才能把自己的新家装修得既美观舒适，又经济实惠。如果心中无数，往往会大大超支，会像海婷那样，"为了这笔装修费要早起晚睡地奋斗3年"。

1.做好预算

装修可是个无底洞，多少钱也能填进去，如果不提前做好预算，往往会大大超支，也不可能节省。因此，要在考虑满足基本使用功能和体现家居造型氛围的同时，根据自己的经济条件，先做好装修预算。一般来说，在装修预算中，设计费用占装修总价的10%~15%，材料费约占总价的50%~55%，人工费占总价的30%~35%。

2.选择装修公司

为了保证装修的质量,在选择装修公司时最好别只图便宜而选择"马路游击队"或刚开张的家装公司,而应该选择施工规范的装修公司。

因为从表面上看,"马路游击队"好像比正规装修公司要省钱,实际上,"装修游击队"由于缺乏质量管理与监督,施工质量良莠不齐,在施工过程中,由于工艺达不到要求,经常有返工的情况发生,造成材料和人工的双重浪费。最重要的一点是,如果你不满意装修质量,往往投诉无门。至于刚开张的家装公司,在质量管理方向容易出现一些问题,而最终的损失也可能要顾客来交学费。

而施工规范的装修公司不仅在选材上有固定网点,由于大批量选材,质量稳定且价格相对较低;在施工上有经验,质量有保证。因此,选择施工规范的装饰公司,虽然工价高一点,但整体上还是省钱的。

3.确定设计方案

精心的策划和完美的设计是省钱的第一途径。若没有设计或仅有简单设计,边做边改,心中无数,很难省钱。正规的装修公司都有专业的设计人员,如果你对他们的设计不满意,也

第三章 理性计划，消费理财

可另请专业或名牌设计公司按你的需要进行设计。设计方案可反复修改，但一经定稿就不要在装修过程中随意改动，因为改动方案就要增加费用，造成不必要的浪费。另外，装修公司也需要对费用重新预算，费时费力不说，还会造成工期延误或暗中加价的情况出现。

4.考察报价单

在确定了设计方案之后，还要仔细考察装修公司报价单中每一单项的价格和用量是否合理。因为无论是设计师还是装修公司，出于盈利的本能，往往会在最初的报价上列出一些可要可不要的项目。这时你就要擦亮眼睛，删去那些可有可无的项目，以节省开支。但也不是所有东西都能省，像人工费用和装修主材的质量是不能省的。如果一味追求"省钱"，最后得到的可能会是伪劣产品。

5.签订装修合同

在认可了报价之后，正规的装修公司还要和你签订一份施工合同或协议书。在这份合同中，必须注意以下几个问题：

首先，合同中必须写明装修的具体要求和完工日期，以免给某些装修公司粗制滥造和拖延工期埋下伏笔。

其次，在合同中必须注明使用的装修材料的具体品牌或型

号,以防装修公司以次充好。

最后,合同中有关保修的条文是必不可少的,而且要分清责任:如果属于施工或材料的质量问题,装修公司应承担全部责任;如果属于用户使用不当,双方可协商处理。

6.支付预付款

目前,我国在装修工程对预付款的数额和比例上还没有一个明确的规定。但从常规来讲,预付款以不超过合同总额的50%为宜,如果提前支付太多,就很容易陷入被动的境地。

因为,一般来说,如果向装修公司支付75%的预付款,即便不支付那25%的款项,他们也是稳赚不赔的。特别是在装修材料价格相差较大的情况下,装修公司如果在其中稍做手脚,预付75%的款项便将材料费、人工费等都包括了,这时候作为消费者来讲,约束对方就会很难。

当然,如果你有合同明确规定的话,若协调不成还可以向法院提出诉讼,要求装修公司赔偿损失或者进行返工。不过,许多人在装修工程中已是累得疲惫不堪,多愿息事宁人。因此,在支付预付款时,要以不超过合同总额的50%为宜,以便多为自己留点主动权。

7.自购装修材料

自购装修材料能够达到投资少、效果好的目的。装修材料的质量分上、中、下几个等级,但同一级材料,会因来源各异令价格不同,因此货比三家永远是适用的。鉴于女性一般对装修材料不甚不解,采购材料时,最好请设计师或装修工同去,一来他们知道哪里可以买到物美价廉的材料,识辨假货能力比你强,事半功倍;二来装修公司在选材上有固定网点,由于大批量选材,质量稳定且价格相对较低。

在购买装修材料时,女性要克服盲目攀比的心态,不要什么东西都追求名牌,追求最新产品,追求"洋"货。比如花5000多元买的"洋"马桶和1000多元的国产马桶的差别并不是很大。同一品牌的乳胶漆,差别也并不像商品宣传的那样大,什么三合一、五合一、二代、三代。乳胶漆出问题,主要是掺水太多,没有必要去追求最新产品。

最后,还需要注意的一点就是购买材料时要集中采购,争取优惠。小宗零散用品,也没有必要舍近求远,要考虑耗费时间精力、交通费用、运输成本和补充退货的方便等诸多因素。

8.别当"甩手掌柜"

你可以请专业的工程监理介入装修的全过程,发现问题及

智慧理财

时解决。但你也不能当"甩手掌柜",一概不过问,否则会给少数不正规的装修公司偷工减料、粗制滥造大开方便之门。比较好的办法是,每天装修工作开始前,你和监理同时到现场检查前一天的工程情况,有不满意之处及时提出,可听取监理的意见进行修改、补救,然后请装修施工人员介绍当日计划进展情况,以便次日进行检查。这些事情办完后,你就不必整天泡在施工现场了。

第三章　理性计划，消费理财

女性购车指南

随着时间推移，消费观念改变，女性自我意识增强，汽车成为越来越多女性秀出自我性格的标志，于是，买车、开车的女性也逐渐增多。

虽然买车是令人兴奋的——即将拥有自己的爱车，但女人往往对汽车了解甚少，面对茫茫"车"海，要想买一款适合自己的车，又该从何入手呢？

一、经济是最大考虑

买车时应根据自己的经济能力量力而行，量入为出，以避免日后养车力不从心。经济实力较强的女性，可以实行一步到

位,选购档次较高、性能先进、安全系统完备的车型;收入中等而无法一步到位的女性,可以选择一些中低档的过渡车型,这样既可享受用车之便,又不增加太多的负担。待将来具备了相应的经济实力,再量力更换。

二、购买时机把握好

购车时,能不能选准时机很重要。时机选准了,买到的车不仅价格好,而且综合服务也比较令人满意。例如,1998年初,普通桑塔纳一夜之间下调2万元,如果你刚在不久前购买了此车,岂不是一大遗憾。那么,哪些时机才是购车的好时机呢?

1.新车即将上市时

同一品牌的车型隔一段时间就会有新的型号上市,当新车即将上市时,生产商为新车销售进行铺垫,会降低同品牌其他车型价格。例如,上汽通用公司曾在别克品牌的全国经销商大会上宣布,在凯越和君威系列新款车型上市之际,凯越与君威的老款车型将全线降价,其中别克君威降价1万~3万元。

2.新车下线1年后

新车型下线后1年的时候是购车的最佳时机。一般车辆销售到这个阶段时,价格中的水分已经挤掉不少,同时,汽车生

产线经过1年的磨合也确保了车辆品质,有利于车辆保持一个较高的保值率。

3.每年的春夏季节

从近几年我国的汽车消费现状看,春夏季节车市相对比较清淡,在此期间,购买者相对较少,而销售商的服务力度相对比较大。因此,在这一时期,你可以充分挑选、试驾各种看好的车型,同时又可以得到专业性较强的优质便捷的售中、售后服务。相比之下,秋冬季节汽车销售最为火爆,是汽车交易的黄金季节。也正因为购车人多,如果跟着扎堆,有时商家针对每个人的服务力度肯定会有所下降。

三、货比三家去买车

你如果想买车,打算上哪里买呢?汽车交易市场,还是专卖店?女性购物,天生喜欢货比三家,在购车时,汽车交易市场、专卖店、汽车城等场所都看看,心里有了底儿后,也可拿出在买服装时与小商贩砍价的气势,但在砍价时要学会察言观色,分清经销商话中的真假。当然,如果你不受差价的诱惑,不妨到品牌专卖店去,会让你很省时间地买到质量可靠的汽车。

四、因人而宜选车型

女人天性爱美求新,流线造型的车子往往是首选,但是,

也要根据自己的实际情况进行选择。

时尚的女孩或时尚传媒行业的从业女性不妨选择如甲壳虫这样造型大胆、色彩跳跃、个性鲜明张扬的前卫汽车；职业女性适合选择庄重、简练的车辆；职业经理人或拥有成功事业的女企业家往往会选择豪华大气、不乏女性特征的世界名牌汽车，舒适性和安全性自不必说，这一档次的汽车更符合自己的身份，也像是一张无形的名片，向合作伙伴展示了实力；家庭女性不妨选择舒适、休闲、后备厢容量较大的车辆，这样出外采购时就不会因为没有足够的储备空间而发愁了。对于准妈妈来说，还要考虑车辆能够放置婴儿车之类的用品。

另外，一些女性身材较小，往往在座椅上加椅垫。一旦急刹车，椅垫移位，易引发交通事故。因此，购车时最好选座椅及方向盘都可调节的车型。

五、精挑细选莫冲动

汽车是大件商品，价值不菲，购买时切莫凭一时冲动或人云亦云，而应该把到商场购物的劲头拿出来，精挑细选，争取十全十美。

外观自然是首先要考察的因素。尤其是挑选新车时，如何在粗看起来都差不多的汽车中，确定选择重点，这一条至关重

第三章　理性计划，消费理财

要。你可以先观察平滑性和油漆的光亮度，其次看车前盖、车门与车体的接口框的间隙是否适宜，有无过大或过小的地方，车门开启是否灵活自如。

汽车内部状况直接关系着驾乘是否舒适，操作是否灵活可靠。与外观相比，它更多地体现着性能指标，因此应作为检查的重点。专家建议，在诸多待检部件中，主要关注以下几部分：车内饰方面，要看挡风玻璃密封性，即它的嵌入处不能有缝隙，前后车窗都应升降自如，侧滑窗开关轻松，推拉顺当；仪表盘应齐全有效，不反光，没有其他物体遮挡等。

六、汽车颜色很重要

女性选车如选衣服，颜色的重要性不言而喻，它不仅仅是汽车的包装和品牌识别的标志，而且还是车主个性的显示，比如年轻的女孩更适合草绿色、淡蓝色、杏黄色这些活跃的色彩，而稳重成熟的女性不妨选择橄榄绿之类更深沉的色彩。

当然，在选择车的颜色时，还要根据车型来选择。明度和纯度高的颜色能使车体显得大一些，因此适用于微型轿车；对于大型和中型轿车来说，采用明度和纯度适中的颜色较宜；买大型轿车最好选择低明度和低纯度颜色，因为这类颜色所产生的压缩应使车体看起来较为紧凑和坚实；有时车体丰满的豪华

车喷上一两种颜色饰条,可变得"俏丽苗条"起来。

此外,选择汽车颜色时,不可忽略考虑安全因素。研究表明,浅色系的汽车视认性较好,事故率较低,行车安全性较高。视认性主要与下列因素有关:颜色的进退性,即所谓前进色和后退色。比如使红、黄、蓝、绿的轿车与观察者保持等距度,在观察者看来,似乎红、黄色轿车要近一些,而蓝、绿色轿车要远一些。因此,红、黄称前进色,蓝、绿称后退色。前进色的视认性较好。

七、安全性能别忽略

汽车的安全性能是女性买车时最易忽略的地方,不少女性认为,自己买车也就是平时上下班使用,车速不快,而且自己也非常小心。因此,宁可在一些舒适型的装备上多留意,也不愿意多投资于安全性的配置。

鉴于目前的交通环境以及女性相对较低的驾驶技术和应急处理能力,在买车时还需选择具有基本安全配备的汽车,如配备有安全玻璃、防撞保险杠、气囊、ABS刹车系统、中控锁的汽车。尤其对于需要经常接送孩子上下学的母亲,或是经常独自外出的单身女性而言,多一份安全会令你的家人多一份安心。另外,最好不要选冷气、音响等按键设置过低的车子,以

第三章　理性计划，消费理财

免开车时错按造成失误和危险。

八、售后服务应关注

女性对汽车机械知识一般较为贫乏，一旦遇到车出问题，哪怕是很小的故障问题也会束手无策。因此，购车时最好选择能提供良好的售后服务的厂家，以让自己的购买没有后顾之忧。此外，由于现在整车销售的利润已经越来越低，一些厂家就把利润增长点放在了配件等售后服务上。因此，买车之前要大体了解一下配件价格，尽量别买售后服务价格高的车型，否则将来是个花钱的无底洞。

九、付款方式酌情定

许多汽车厂商为促销及提高市场占有率，除了降低售价外，还制定了分期付款、零首付、零利息分期付款、以租代买等灵活机动的销售方案，对于消费者来说具有较大的选择空间。选择什么样的付款方式，女性应平衡资金状况、收入水平、收入稳定性及近期的大额款项支出计划等综合因素。储备资金较为富余，不会因购车支出影响到其他方面消费计划的可选择一次性付款，这样不仅可获得"砍价"资格，而且今后也不必考虑余款的支付；如富余资金有限或需用于其他方面的使用或周转，选择分期付款较为合适。但需提供相应价值的担保

凭据，如房产、债券、存折等，并且要充分估算分期支出能力，制定相应细致的资金使用计划。

十、别忘记索要凭证

购车时一定要记得向经销商索要各种凭证，以免将来有事无据可依。目前，在购车时需要向经销商索要的凭证主要有：

1.购车发票

购车发票是购车时最重要的证明，同时也是汽车上户时的凭证之一，所以在购车时务必向经销商索要购车发票，并要确认其有效性。

2.车辆合格证

这是汽车另一个重要的凭证，也是汽车上户时必备的证件。只有具有合格证的汽车才符合国家对机动车装备质量及有关标准的要求。

3.三包服务卡

根据有关规定，汽车在一定时间和行驶里程内，若因制造质量问题导致的故障或损坏，凭三包服务卡可以享受厂家的免费服务。不过像灯泡、橡胶等汽车易损件不包括在内。

4.车辆使用说明书

用户必须按照车辆使用说明书的要求合理使用车辆。若

第三章　理性计划，消费理财

不按使用说明书的要求使用而造成的车辆损害，厂家不负责三包。使用说明书同时注明了车辆的主要技术参数和维护调校所必须的技术数据，是修车时的参照文本。

5.其他文件或附件

有些车辆发动机有单独的使用说明书，有些车辆的某些选装设备有专门的要求或规定，这时消费者都要向经销商索要有关凭证。

给车投保有学问

买完车就能上路吗？不，还要给车买保险，这也是车主们必须做的一件事。因为车就像人一样，难免会有个磕磕碰碰或是意外发生，给车买保险图的是买个踏实，买个放心。

但有不少车主们抱怨，头一次给车上保险时，面对繁杂的险种还有各色的投保渠道，有些茫然，不知道该买哪种保险，也不了解该选择哪种投保渠道，更不清楚付出的保费是否合理。下面的内容里我们将给你做详尽的解答。

一、选择投保渠道

目前投保车险的渠道主要有代理公司、4S店和保险公司三

第三章　理性计划，消费理财

种，它们各有利弊，车主可以根据自身情况加以选择：

1.代理公司

对于新车投保来讲，车主可以通过专业保险代理公司投保，优点是比较方便省事，投保前会有专业的业务人员为车主设计匹配的险种，一旦车辆出险可进行直接赔付，而且由于专业保险代理公司属于各保险公司的大客户，在理赔上可以享受保险公司提供的较好的服务。但是，目前国内保险代理公司水平参差不齐，有的代理公司在实力、服务、业务能力上还有很大缺陷，需要车主在投保前对专业代理公司的情况做详细地了解。

2.4S店

4S店也为车主提供保险服务，属于兼业保险代理。车主在4S店办理车险业务的优点是：出险后可以直接去4S店办理修车、理赔手续，简便直接。但另一方面，在4S店办理车险业务也有缺点，那就是一旦碰到伤人、撞物等交通事故情况和丢车的情况，四位一体的4S店也不能提供全方位的服务，而需要车主去保险公司自己办理。

3.保险公司

选择到保险公司直接投保的优点是：跨过了代理投保这个中间环节，在保费价格上享受到一定优惠。更重要的是车主可以确信

保费交到保险公司,双方正式形成合同关系,从而避免被"埋单"的风险。所谓"埋单"即指一些保险代理人在收取车主的保费后没有上交保险公司,结果导致车主在不出险的情况下一直被蒙在鼓里,而一旦出险却索赔无门。

缺点是:缺少专业人员的服务。如果车主没有自己的保险代理人,出险后要亲自去保险公司办理理赔的各种相关手续,处理不当会给理赔带来不便。

二、选择保险公司

开展汽车保险业务的保险公司很多,这些公司规模不尽相同,服务和收费也各有千秋,这时候就要仔细衡量了。

相对来说,规模大的保险公司保单价格贵,但优点是公司定损网点多,可以借助修理厂实行远程网上定损,理赔速度比较快。现在有40%~50%的投保人采用委托理赔的方法,报案后把车、单证和委托索赔书一起交给保险公司推荐的修理厂,只需在家坐等通知把修好的车开回来。

不过,大公司有一定的限制,例如,车价7万元以下的车不做,10年以上超龄车不做,营运车不做,多次理赔的车不做。而且在车型和险种相同的前提下,大公司的保费要比小公司高一些。

第三章 理性计划，消费理财

如果车主想使保费便宜一点，可以去相对较小的保险公司看一看，同一辆车可比大公司便宜一千多元。不过小公司在维修与理赔方面提供的服务可能不及大公司，理赔往往比较慢，多次理赔后车主也常常要按比例支付一定的理赔款。

当然，选择保险公司时，车主绝对不应只考虑规模大小的问题，保险公司提供的业务是否适合车主的需要，这才是最实际的问题。

三、选择投保险种

目前，机动车保险的险种主要由2个基本险和9个附加险组成。基本险为车辆损失险和第三者责任险，附加险包括全车盗抢险、车上人员责任险、车上货物责任险、自燃损失险、玻璃单独破碎险、无过失责任险、不计免赔特约险、停驶损失险和车身划痕损失险。其中，第三者责任险是强制性险种，其余险种都由车主自行决定上或不上。而车辆损失险是附加险的基础，只有买了车损险才可以买其他的附加险。

在愿意承担较高保费的前提下，车主如果一次性上齐全部基本险和附加险，可以保证几乎与汽车有关的全部事故损失都能得到赔偿。但是，选择险种时要把握一个总的原则，即搭配险种需要根据个人情况而定，而不是盲目地以所投险种的多少作为唯一衡量标准。

比如，对于大部分人来说，选择包括车辆损失险、第三者责任险、不计免赔特约险和全车盗抢险这4个险种的组合是最为实用的。此方案的性价比高，虽然投入的保费不是很多，但这几个险种都非常必要。两个基本险是车主的汽车在发生事故后人和车的损失能够得到赔偿的基本保证；盗抢险可以解决丢车问题，一旦车辆被盗或被抢，车主的损失能够得到赔偿；不计免赔特约险的作用在于，无论车主在事故中承担多大的责任，都可以保证实现100%赔付。

对于一辆光鲜漂亮的全新的车来说，最好补充其他一些险种，比如车身划痕损失险。因为新车都比较醒目，更容易成为划痕的"目标画板"，应买一个车身划痕损失险。同时，由于新司机存在着驾驶技术不老练的问题，所以，最好为经常乘坐自己车的亲戚朋友买上一份车上人员责任险。

而对于一辆临近报废期的车来说，再投入很多显然不太划算，建议车主只投第三者责任险。另外，因为临近报废期的车的油路、电路系统恐怕都不太可靠，所以，也可另投自燃损失险。

四、选择车险保费

车险保费的升降涨跌，车主无法左右，但最优的性价比无疑是所有车主都希望得到的。

然而，有不少车主在投保车险时，对车险费率的原则、细节以及影响保费高低浮动的各种因素并不了解，这就往往会导致花了不必要的冤枉钱或者省了小钱而事后吃大亏。所以，车主应该全面了解影响车险保费的各种因素，在投保时，向保险公司提供更多相关个人资料和信息，才能争取到尽可能多的折扣优惠。

车险保费高低受多种因素影响，除了与受保的险种有关，还有以下一些因素：

1.汽车车型

保险公司为不同型号的汽车设定了不同的风险数值。价值越高或越流行的车型，被偷盗破坏的可能性越大，保费就越高。

2.车主居住地

主要指车主居住地区的治安状况。汽车失窃率高的地方，保险公司的保费自然要多收。

3.汽车防盗和安全硬件

ABS、安全气囊、防盗装置等因素可以让汽车遭遇意外的

可能性在一定程度上降低，如果汽车这方面的硬件装备比较齐全，保费也会省去一些。

4.车主驾驶记录

如果投保之前车主一直保持着比较良好的驾驶记录，那么保费就会降低。而对于驾驶经验不足的新手来说，保费会高一些。因此，假如车主在本年中车辆仅仅出现一些刮伤、划痕等小毛病，如果修理费用不太高，不妨自己掏腰包修理，以保持良好的记录，在第二年续保时可以获得保险公司的投保优惠。

投保时应注意：要根据车的实际价格、购置附加费和内装饰费用的总和，来确定投哪个档位的保费，不能一味为省钱而不足额投保，也不必多花钱超额投保。因为《保险法》明确规定，保险金额不得超过保险价值，超过保险价值的，超过的部分无效。有的人明明手中是一辆旧车，评估价值不过5万元，却偏偏要超额投保，保额15万元，以为自己多花点钱就可以在车辆出事后获得高额赔偿。实际上，保险公司只按汽车出险时的实际损失确定赔偿金额，超额投保并不能起到为汽车上"双保险""多保险"的作用。与超额投保相反，有人为节省保险费而不足额投保，如25万元的轿车只保10万元，万一发生事故造成车辆损毁，就不能得到足额赔偿。

最后，需提醒的是，如果车主已在一家保险公司足额投保，即使在另一家保险公司再投保，出险时也不可能拿到双份的赔款。因为按照《保险法》第四十条规定："重复保险的保险金额总和超过保险价值的，各保险人的赔偿金额的总和不得超过保险价值。"

智慧理财

养车省钱有窍门

俗话说："买车容易养车难。"不少人购车时眼睛只盯着车价，把车开回家后才发现真正冲击自己钱包的原来不是购车费，而是一年到头源源不断的各种支出：验车费、养路费、车船使用税、保险费、维修保养费、燃油费、停车费……这些支出让很多人有车族心里的弦也跟着越绷越紧，有些人甚至已经开始感叹："买得起，养不起呀！"

养车费用能不能省？其实只要花些心思，除了国家硬性规定的税费外，不少养车费用都有节省的窍门。

省钱窍门一：培养良好驾驶习惯

若要节省养车费用，关键是从一点一滴做起，养成良好的

第三章　理性计划，消费理财

驾驶习惯。

每次开车出门前，最好计划一下行驶路线，这样才能减少路程、争取时间，同时也极大地减少油耗。在行使过程中，不要经常变道，因为变道要不停地加速、刹车，会增加油量的消耗，而且路线弯弯曲曲，路程就远了，显而易见要更费油。如果天气不是过分炎热，最好不要开空调。特别是交通堵塞时，汽车在走走停停的情况下，开空调会使油量消耗增加10%。还有，应该经常检查行李或车顶货架，不常用的物品一定要搬走，这样能减少油耗的3%~5%。

最后，要记得及时为油箱加油。有些车主常常会把车子开到快没油的地步才加油，其实这样做会使油箱中的燃油泵上部经常得不到燃油冷却，容易发热烧坏。更换一只燃油泵需好几百元，用这种方法控制用油实在是因小失大。

省钱窍门二：合理确定保养周期

汽车保养周期是指汽车保养的间隔里程或时间。在决定汽车保养周期时，应首先参照汽车制造厂推荐的保养周期，然后结合汽车自身的技术状况和实际使用环境，对保养周期做适当的调整。比如，一辆车在路况较好的环境中使用，可适当延长保养周期；而在路况较差的环境中使用，则应适当地缩短保养周期。这样做不仅能使汽车经常保持良好的技术状况，还能使

车主节省保养费用和修理费用。

省钱窍门三：小病常看，大病不犯

车子出现一些小毛病必须及时保养，千万别等它出了严重故障才送修理厂，那样花钱可就多了。有的车主为了图省钱，汽车出了毛病，往往采取"拖"字策略：只要不影响行使，能不修的就尽量不修，部件能不换的也尽量不换，定期清洗更是难得一见。其实，这样做表面上能省钱，长期来看就不够理性了。俗话说："小洞不补，大洞吃苦。"汽车因为长期得不到保养，甚至带"病"工作，其使用寿命必然减少，省钱的结果就是加速汽车报废。

省钱窍门四：尽可能少地解体维修总成

很多车主都有这种感觉，自己车的某个总成(如发动机)在解体维修后便一发不可收拾，隔一段时间就要"住院"治疗，这种现象在进口车上尤为常见。为什么会出现这种现象呢？原因是多方面的，主要涉及修理工的装配技术和配件质量等方面。为了防止车辆过早进入维修期，车主最好尽可能少解体维修总成，利用各种先进的技术保养设备和手段，对汽车进行免拆保养，不但可以避免由于解体保养给汽车总成和部件造成的不必要损伤，还可大大加快汽车保养的速度，提高保养质量，

第三章　理性计划，消费理财

从而降低维修总费用。

省钱窍门五：自己去买零配件

修车时如需要更换零配件，最好自己去正规的配件商店买，因为配件商店里的配件一般要比修理厂的配件便宜。选购配件也不能听信一面之词，必须货比三家。常用配件留意清仓商品，如果条件许可，可以储备一些耐用件和易损件，比如冬季易损件最好夏季买，而夏季易损件则选在冬季买，利用季节差别降低支出。此外，由于女性大多对车不是很了解，买配件时最好和其他有车的朋友一起买，一来可以请朋友帮忙参谋，二来算批发价更优惠。

省钱窍门六：选择国产润滑油

润滑油是有车一族的一大开销，汽车行驶5000公里基本上就需要更换润滑油了。但不同品牌和级别（标号）的润滑油，其品质相差很大，价格也相差悬殊，可谓"乱花渐欲迷人眼"。于是，有不少车主干脆手一挥：就选进口的，还得是最贵的。

其实，选择润滑油应根据车的技术要求和使用条件进行选择，根本没必要一味地花高价追求名牌，诸如像夏利、桑塔纳这样大众化的汽车，使用国产普通润滑油足矣。而且进口油的价格比国产名牌要贵30%~40%，比起一般国产油更是要贵1倍还多。

省钱窍门七：不必非买进口轮胎

在为车更换轮胎的时候，有些女性出于心理因素，更愿意选择原装进口的轮胎。其实，国外推的新款轮胎对国内的用户来讲，价格过高不说，而且还不一定适用。比如，适合国外路况的轮胎在北京可能就难有上佳表现。其实，很多大品牌在国内合资厂生产的轮胎，都是根据国内道路状况而有所改进过的，从而更适合国内路况，而且价格也会比原装进口的轮胎优惠。

省钱窍门八：充分利用免费检测

现在的汽车厂家越来越重视售后服务，由此为车主带来的好处就是会经常享受免费的检测活动。或许这些免费检测活动在一些女车主看来并没有实质性内容，其实不然。你可以利用这些免费检查活动对自己的爱车进行全面体检，及时发现一些潜在的故障，并将这些故障隐患消除，如此便省去了将来的高额维修保养费用。

省钱窍门九：防冻液不必每年换

防冻液作为发动机冷动液，相对于普通水而言，可降低冰点或是提高沸点，保证发动机在正常温度下工作。一般防冻液的更换周期为2~3年或是行驶3万~4万千米，而女性用车多半就是作为代步工具，以便于上下班，因此爱车不会被过度使用，2

第三章　理性计划，消费理财

年最多也就跑3万~4万千米。所以，防冻液不必每年换，2年换一次已足够。

省钱窍门十：定期清洁"三滤"

"三滤"是指空气滤清器、机油滤清器和汽油滤清器。不要小看"三滤"，它们能分别过滤空气、机油和汽油中的杂质，对于保证发动机的正常运转非常重要。如果不及时对"三滤"进行清洁，使其过脏，将会阻碍新鲜空气进入气缸，从而影响到发动机的充气效率，降低发动机的动力，还会增加排放污染。而且在汽车内燃机使用过程中，灰尘等杂质将不断混入机油中，加上空气及燃烧的废气对机油的氧化作用，会使机油逐渐产生胶质或者油泥，这不仅会加速零件的磨损，而且易造成油路堵塞。所以要定期对"三滤"进行清洁，这样能充分提高发动机性能，降低发动机故障率，有效地延长发动机的使用寿命。

总之，一辆汽车能以最佳状态运转，"三分靠修，七分靠养"，车辆大修伤筋动骨不说，还劳民伤财，实在是不得已而为之；养护则是对车辆润物细无声的关爱，所费不多，的确是用车良策。因此，即使很多人都不太了解如何养护汽车，但是为了自己的爱车，也为了自己的腰包，平时也应该多注意这方面的信息，做聪明的车主。

智慧理财

旅游省钱全攻略

随着收入水平的提高和消费观念的改变，追求舒适、唯美的旅游过程，享受阳光海滩、鲜花绿树、小桥流水成了时下许多女性度假休闲的主旋律。单身女人可以独自背上行囊，转遍大半个中国；已婚女人也可以携夫带子，走遍天涯海角；新婚的女人，更是可以名正言顺地与新婚丈夫享受一段浪漫的蜜月之旅。

但也有些女性在出游回来之后开始抱怨："的确很好玩，就是来回车费太贵了。""景点很多，就是门票价格太高。""旅馆服务不好，也不便宜。"还有些女性，觉得旅

第三章 理性计划，消费理财

游就是来"找乐子"的，于是洒脱地表示："也就来这么一回。"为了让自己尽兴，她们不惜掏光自己的钱包。

其实，聪明的旅游者在旅游的时候，会在别人不经意的地方打好自己的算盘，完全可以做到既玩得尽兴又少花钱。下面，就让我们来看看他们是怎么盘算的。

1.旅游时间避"旺"就"淡"

绝大多数景点都有淡季和旺季之分。旅游旺季时，外出旅游的人较多，不仅坐车拥挤，旅游景区的门票价格也会上涨，就连景区附近的住宿费和餐饮费也比平时贵；淡季旅游时，不仅车好坐，而且游人少，一些旅馆在住宿和饮食上都有优惠政策来吸引游客。比如去青岛看海，冬天住在景色宜人的八达关附近要比夏天便宜50%以上。所以，旅游如果想少花钱，那么首先要善于利用时间差，尽量避开旺季。

2.旅游景区避"热"就"冷"

外出旅游时，人们大都喜欢到热线景区去，从而使得这些旅游景区的旅游资源和各类服务因供不应求而价格上涨，特别在节假日期间，情况更甚。如果这时到这些地方去旅游，无疑要增加很多费用。如果你不想花太多的钱，又要保证旅游质量，那么不妨有意识地避开旅游热点地区的游客高峰期，选择

一些相对较冷的线路，特别是到那些新开发的旅游新景区去旅游，不仅避免了人群扎堆带来的麻烦，同时也能省下不少钱。

3.购买车票避"晚"就"早"

一般来说，很多人都会提前筹划自己的出游计划，比如要带什么衣服，要出去玩几天等等，唯独就是忘了购买车票。殊不知，就因为相差几天，你支出的数额就可能大不一样。例如机票，预定期越长，优惠越大，另外还有购买往返机票的特殊优惠政策。对于火车票而言，如果票买得早，可以免去临时买票的各种手续费用。

4.旅游方式避"单"就"组"

在城市里，单枪匹马自助旅行比较适合，最大的好处就是比较自由，自己想看什么地方就看什么地方，想看多长时间就看多长时间，而且比一上来就跟着旅行社让他们服务全程，要节约不少经费。但若在西藏、青海、新疆等边远的地区独自旅行绝对不是最省钱的方式。毕竟很多项目如车船、旅馆、机票、门票等都能享受团体的优惠，分摊到个体上的指数就较低了。而且一个人旅行会遇到一些不便，从路线到住宿，从景点到就餐，就需要自己解决，往往因为不熟悉景点，而走错路线，耽误行程，结果在旅游区多待一天就增加一天的费用。

第三章　理性计划，消费理财

当然，无论是自助游还是随团游，主要是看个人喜好，但无论哪种方式都要以注意安全，不要有意外发生为先。

5. 交通工具避"天"就"地"

当你决定外出旅游时，如果不跟团，那么你打算坐火车，还是乘飞机？坐火车时间长，飞机时间短，这众所周知，但正因为这一长一短，却形成了价格差。例如，从上海到西安旅行，往返火车卧铺600元左右，而"双飞"费用为1900余元，二者差额1300余元，按三口之家外出旅游计算，差价为3900余元。可见，对收入不高的人而言，外出旅游，选择来回乘火车，是比较划算的。再说，在国家延长节日假期后，大多数人的旅游时间还是比较充足的，如果不是到较远的地方去旅游，非得坐价格较贵的飞机抢时间不可，那就最好选择坐火车。这样，不但可以一路上领略窗外风景，而且花费也要少得多。

6. 入住旅馆避"大"就"小"

外出旅游时，入住旅馆不必住星级的大宾馆，而应从实用、实惠出发，选择那些价格虽廉，但条件适中、服务不错的小旅馆为好。在选择旅馆时，要尽可能避免选择汽车站和火车站旁边的旅馆，可选择一些交通方便，位于不太繁华地段的旅馆。因为这些旅馆在价位上比火车站、汽车站旁边的旅馆要便宜得多。住宿

时应先商议价格，然后再办理入住手续，时间允许，可多跑几家，进行比较，从安全保障及吃住、卫生角度等综合分析，切不可贪图省钱，而入住环境较差又没有安全保障的旅馆。

7.一日三餐避"近"就"远"

旅游时最好不要因为图方便和省事而在景点处用餐，因为景点的饮食一般都比较贵，特别是在酒店点菜吃饭，价格更是不菲。如果实在饥饿难耐，等不及离开景点再用餐，那也要有选择地吃，最好选择老字号的小吃店，这样的饭店面向当地群众，一来可以尝到地道的民间小吃，二来价钱十分公道，且因是老店，诚信好，没有被宰的危险。

8.景点门票避"通"就"分"

不少旅游区都出售"通票"，这种一票通的门票，虽然有节约旅游售票时间的好处，而且比分别单个买旅游景点的门票所花的钱加起来也要便宜一些，但是，大多数旅游者往往不可能将一个旅游区的所有景点都玩个遍。有鉴于此，出门旅游，首先对自己旅游的景区要了解，从中筛选出这个景区最具特色的地方，到时不必买通票，而改为玩一个景点买一张单票。这样可以有的放矢，玩得更尽兴，同时也可以省下些钱来。

9.游山玩水避"懒"就"勤"

第三章 理性计划，消费理财

游山玩水尽量避"懒"就"勤"，尽量别坐缆车或索道，许多景点最好亲自走一遭，既省钱，又能亲自体会到它的魅力所在。

10.旅游购物避"景"就"市"

旅游区一般物价较高，而且一些旅游区针对游客流动性大的特点，出售的贵重物品中有假冒伪劣商品，而真正体现该地区人文、历史风情的物品，未必会在景区出售。比如西湖龙井，就生长在杭州郊区的梅家坞和翁家山，而不是西湖景区。所以，女性在旅游中要尽量克制自己的购物欲，少买东西，尤其要切记别买贵重东西。

当然，到外地旅游也有必要采购一些物品，一是馈赠亲朋好友，二是留作纪念。那么购什么好呢？一般只是购买一些本地产的且价格优于自己所在地的物品。这些物品价格既便宜，又有特色。如果时间充裕，最好专门花上一点时间跑跑市场，甚至可以逛夜市购买。如此，既可买到价廉物美的商品，又能看到不同地方的"市景"。

总之，旅游的开支虽然多且广，但其节约的办法也有很多，大可根据自己的实际情况，去减少不必要的开支。如果节约有方，你不妨适当地增加旅游的次数，以此作为礼物，来奖励自己的精打细算。

智慧理财

旅游消费谨防陷阱

旅游不仅能够锻炼身体，愉悦心灵，还能带给人认识世界的机会，因此，无论是年轻人还是老人都喜爱旅游。此外，旅游购物也是女人们恋恋不舍的旅游理由，在沿途、景区，由着自己的性子，将特色纪念品、中意的商品购入囊中。尤其到了香港，女性们不一定对海洋公园感兴趣，不一定熟悉太平山顶的璀璨夜景，但肯定很熟悉铜锣湾、太古广场、旺角等著名商场，尤其在打折的季节里，为自己购物、帮朋友购物是最重要的事情。这也许是旅游带动当地经济发展的最好例证。

可令人不能忽视的是，近年来，随着旅游热的升温，各地的景区景点为了增加收入都会乐此不疲地以各种手段吸引游

第三章　理性计划，消费理财

客，而一些新的消费陷阱、旅行社的霸王条款也总会去钻游客视野的空隙，让人防不胜防，结果使人乘兴而去，扫兴而归。为此，提醒广大女性朋友，当你在出游时一定要擦亮眼睛、谨思慎行，尽量避免落入旅游消费陷阱。

陷阱一：十个景点九个自费

春节期间，吴女士想和丈夫一起去海南度假，对比了好几家旅行社都拿不定主意，最后选择了一家游览景点最多、最便宜的旅行社。到了海南后，夫妻俩发现，他们最想去的亚龙湾，除了能免费在沙滩上走走，玩玩沙子外，其他所有项目均要自费，更可气的是，五指山和天涯海角都没有列入游览范围，去的尽是一些免费的地方，如海口沿海大道之类的景点。

警示：一些特价旅游团价格低廉，但是整个行程表上除了一至两个景点是包门票外，其他的大多数景点都要自费，到了景区没得旅游的游客无奈之下只好掏钱加点。

为了防止旅游落入"十个景点九个自费"的陷阱，游客在选择旅游团时，不要被价格牵着走，也不要只一味比较景点的多少，而要搞清楚需要支付门票的景点有多少。另外，为了防止旅行社将部分景点省去，要将每一天游览的行程安排、景点停留的时间详细与旅行社沟通后，明确写在旅游合同中，如此

方可维护自身的权益。

陷阱二：吃住行标准降级

成都市的贺女士春节期间到冰城哈尔滨旅游，和某旅行社签订的合约里写明，双飞2日游，可以享受四星级住宿标准和25元每餐(正餐)的标准。但到了冰天雪地的哈尔滨，贺女士发现自己好像回到了旧社会：住的所谓四星级宾馆马桶漏水，半夜起来鼓捣马桶，结果还是臭气冲天，一夜没睡好。吃饭的时候，一般8个人一桌的标准，导游硬是让3桌人并成2桌，导致很多人吃不饱。回来时，贺女士一行本来应从哈尔滨飞回成都，但导游却以"买不到飞机票"为由，要游客乘坐豪华大巴车回成都。贺女士和其他游客只能接受安排。但更让人气愤的是，导游实际安排的却是一辆破中巴，结果所有游客一路颠簸回到成都。

警示：有的旅行社口头承诺游客可以享受非常优质的服务，但实际上，在旅行过程中，却经常擅改合同，降低餐饮住宿标准，擅自改变交通工具，以节省开支。

有鉴于此，游客在和旅行社签订合约时，最好明确这些吃住行的标准，包括乘坐的交通工具是火车还是飞机，是一般旅

游汽车还是空调车、豪华大巴；餐饮标准是几人几菜几汤；住宿标准是星级宾馆还是招待所，星级房是几星级，有否挂牌，还要问清入住宾馆的建造时间和地理位置如何，因为不同档次、不同地域的宾馆价格差异不仅较大，旅游的方便性也有较大差距。在旅游过程中，一旦发现旅行社存在违约行为，要保留权益受到损害的有力证据，以便日后依法进行投诉。

陷阱三：导游变"导购"

"五一"长假期间，太原市的焦小姐在一家旅行社的组织下赴香港旅游。旅程开始后，旅行社的品质承诺便变成了一纸谎言。在香港，导游小姐不断地把游客领到各种珠宝名表店购物，最多的一天竟去了五六家，而旅游景点观光在导游的催促下变成了走马观花。当游客提出异议时，一直笑脸相迎的导游立马拉下了脸，并放下"不购买，一切后果自负"的狠话，焦小姐只得在"指定"的珠宝店以不菲的价格购买了两颗导游推荐的天然红玛瑙。到了晚上安排住宿时，大家领教到了导游的厉害：白天没有在指定商店购物的游客，被安排到没有洗浴设备的"经济房间"。尽管游客表示不满，但导游却一律搪塞，不予解决。"幸好我白天买东西了"，谈起香港之行，焦小姐

至今还心有余悸。可是当旅游结束返回太原后，经鉴定焦小姐才知道买来的玛瑙是人造的。

警示：有些导游为拿回扣擅自更改定好的旅游项目，减少景点，增加购物点，带游客去购物的地方多为虚高定价的商品。

针对这个问题，女性在出游前一定要与旅行社签订书面旅游合同，对于一些容易引发纠纷的事项要在合同中明确约定，如：购物的地点和次数。在旅途中如果遇到超出合同约定范围的购物活动，有权拒绝参加，并保全相关证据，回来后及时向有关部门申诉或投诉，以维护自身的合法权益。实在要买，最好买一点外面没有卖而且价格便宜的纪念品，一些玉石、珠宝类的贵重物品尽量不要购买，避免上当受骗。

陷阱四：假货谎称走私货

罗女士随团去厦门旅游，第一天吃过晚饭后，导游问团员们有没有兴趣去看走私商店，因为商品是通过走私进来的，少了关税这一环节，十分便宜。团员们一听就随着导游前往。

走私商店在偏远的一栋小楼里，里面的灯光昏暗，但世界知名品牌却随处可见，从LV、DIOR的包包、首饰，到佳能、索尼的数码像机、笔记本电脑，应有尽有，而且价格低得

第三章 理性计划，消费理财

惊人：一个ＬＶ的包包，商场售价要三四千块钱，这里却只卖三百多块钱；阿迪达斯的运动鞋，专卖店售价少则几百块钱，多则几千块钱，这里也只卖三四百块钱……罗女士经过讨价还价，花了200多块钱为自己的儿子买了一双阿迪达斯的运动鞋。回到武汉，儿子穿了不到一周时间，鞋子就掉了底，再去商场专柜咨询、对比，才发现是假货。

警示：旅游团带去的走私店，在沿海或边境地区比较多，所谓走私货多半都是假冒伪劣产品，特别是服饰类，都是地摊货。实际上，随着我国海关打击走私力度的加大，很难有大批量的走私品进入国内。

所以，女性在旅游购物时要选择合法的店铺，并要求其出具质保书及购物凭证。千万不要贪图便宜而忽视真假、质量，否则会中卖主的圈套，得不偿失。

陷阱五：冒充老乡行骗

武汉市的苏女士去年8月随团到桂林旅游时，所在的旅游团被拉到一家玉石店，店内的负责人一看是武汉客人便"喜出望外"，声称自己也是武汉人，现在父母还都在武汉，并用家乡话向游客们介绍店内的商品，同时承诺会给老乡们最优惠

的价格。于是，大有"他乡遇故知"的旅游团成员都充分感受到了"老乡"的温暖，买起东西来也就越发慷慨了。苏女士也在店内看中了一块标价1200元的玉。因为嫌贵，苏女士准备离开，这时，"老乡"突然现身，找到店里的值班经理，七说八说，一再压价，最后商店愿意打5折。苏女士十分感激，立马付了钱，还介绍团里的其他团友来抢5折的"低价"。回家后，苏女士将所购玉石交玉石专家鉴定，结果发现是假货。

警示：利用"老乡"购物的伎俩屡见不鲜。某些旅游购物商店通过导游或者其他途径获取旅游团的信息后，就利用老乡情结等方式来消除游客的警惕性，从而让游客在不知不觉中进入圈套。

因此，女性在旅游购物中千万不要轻信所谓"老乡"的话，对定价很高的珠宝玉器，购买时一定要慎重。购物后一定要索要发票，发票内容要包含对所购物品品质的详细表述（如钻石是天然还是人工合成，其成色、计量和退货保证等）。购买后发现确有重大质量问题的，可通过旅行社办理退赔事宜。如协商不成，可投诉至当地旅游质监所、消费者协会或向人民法院起诉。